魚が食べられなくなる日

勝川俊雄
Katsukawa Toshio

小学館新書

「はじめに」に代えて

「昼は久しぶりに回転ずしでも食べに行くか？」

２０××年８月のある日曜日、圭一はリビングにいる中２の娘と小５の息子、キッチンで朝食の片づけをしていた妻の晴美に問いかけた。

「やったあ、お寿司、久しぶり！」

無邪気にはしゃぐ息子とは対照的に、娘は「しょうがないから付き合ってあげる」という表情だ。娘が大きくなってからというもの、一緒に外食することがめっきり減った。回転ずしなんてもう何年ぶりだろう。

「さあ、いっぱい食うぞ！」

店に入ってテーブル席に座ると、全員一斉に回転ずしのレーンに目を注いだ。回っているのは、「から揚げ軍艦」「塩豚バラ」「フライドポテト」……。

「なんだ、ぜんぜんお魚さんが回ってないじゃないか」

「ほんとね。惣菜《そうざい》っぽいものばっかり」

ため息をつく晴美に息子が追い打ちをかける。

「そういえば、いま魚があんまり獲《と》れなくなっているんだって、学校で先生が言ってた」

「そうなの？　そういえば、スーパーでも鮮魚コーナーが前より狭くなったような……」

「ふむ、そういや、オレが昨日、同僚と行った居酒屋でも刺身の盛り合わせって、ほんのちょっとだったなあ。昔はホッケなんかすっごくでかくて皿からはみ出してたもんだが」

「だよねえ。どれどれメニューを見てみようかな。……あれ、マグロがないんだけど……」

間髪を容《い》れず、圭一は通りかかった店員に声をかけた。

「あの～、マグロってないの？　赤身とか中トロとかのアレ」

「マグロはごくたまに入荷したときだけ出していて、今日はないんです」

「ええっ！　回転ずしにマグロがないの⁉」

一同が食べ終えて満足の表情を浮かべているなか、圭一はどうにも釈然としなかった。

マグロが食べたくてやって来たというのにこのままでは帰れない。帰りにスーパーに寄って、酒のつまみに刺身でも買って帰ろう。スーパーなら、いくらなんでもあるだろう。一家4人で買い物をするのも久しぶりだ。めいめいが思い思いの売り場に散らばっていく。圭一は鮮魚コーナーを目指した。

「ない！」

そこへ晴美がやって来た。

「ここにいたんだ。マグロなかった？　やっぱりね。ここにあるのは、えーと、国産はアジとイワシに、タイは3尾だけ。しかもこんな小さいやつ。あとはノルウェー産のサバでしょ、チリ産のサケ、アメリカ産のカニ、ニュージーランド産の白身魚ぐらいね」

「こんなことになっていたのか、全然知らなかった」

「確かにうちでお魚出すの減ったもんね。ねえ、見てよ、魚の値段。100グラム当たり600円だよ。豚や鶏なら600円出せば300グラムは買えるわ。魚は体にいいからあの子たちには食べさせたいけど、魚って割高なんだよね」

圭一は自分の稼ぎを指摘されたようで、胸がちくっと痛んだ。しかし、それ以上に、魚の種類が少なくなり、小さくなり、価格も高くなっていることに気づいて愕然《がくぜん》とした。

「父よ、マグロは諦めたまえ」

寄ってきた娘が笑いながら茶化す。なぜこうなってしまったのか、圭一は考えようとしていた。いや、娘との関係ではなく、魚のことだ。

日本人が魚を食べなくなったから、漁業が衰退して魚が獲れなくなったのだろうか。漁師が高齢化していることは知っていた。だから、魚を獲る人がいないのだろうか。それとも中国や韓国の乱獲で獲り尽くされてしまったのか……。いずれにせよ、今晩のつまみに刺身の線は消えた。

「さあ、これ買って帰りましょ」

圭一は晴美の持っている買い物カゴを見た。野菜や調味料、子どもたちが好きなスナック菓子に交じって「若鶏の一口から揚げ」と「おつまみチャーシュー」が入っていた。

＊

これは近未来を予想したフィクションです。さすがにまったく魚が食べられなくなるということは考えられませんが、このフィクションのように、良質の水産物が日常的に食べられなくなることは十分あり得ます。まず、マグロのような高位捕食者（食物連鎖ピラミッドの上位にいるもの）の量は確実に少なくなっています。そして同時に、他の魚も徐々にスーパーや居酒屋で見かけなくなったり、小ぶりになっていくということが起こります。突然そうなるのではなく、今のやり方を続けていれば、真綿で首を絞められるようにゆっくりとゆっくりと、しかし、確実に進行していきます。もうすでにゆっくりと首を絞められている最中なのです。

ピーク時には２００万人とも言われていた漁業者は、今や17万人を切っています。跡継ぎのいない60歳以上が大半で、平均年齢は60・1歳（自営漁業者、平成20年）です。

その上、魚が少なくなっています。カツオも日本近海では獲れなくなり、２０１５年はサンマが不漁でした。マグロやウナギも絶滅危惧種《きぐしゅ》になってしまいました。漁師もいない、魚もいないので、日本の漁獲量は減少の一途をたどり、今は最盛期の４割以下にとどまっています。

私たちの食卓を支えているのは、ノルウェーサバやアトランティックサーモンのような輸入魚です。日本漁業の衰退の原因は「安い輸入魚」とも言われてきましたが、それは昭和の話で、サバのように輸入魚のほうが高くなっているケースも少なくありません。近年、世界的に魚価が上がったこともあり、日本の輸入量は減少しているのが現実です。

こうした日本漁業の苦境については枚挙にいとまがありませんので、本文に譲りますが、まずそうした現状があることを、この本を手に取った読者の皆さんには知っていただきたいのです。

すでに何十年も日本漁業は衰退の一途を辿《たど》っています。私たちがこれまで築き上げてきた豊かな魚食文化の存続が危ぶまれています。

「では、どうすればいいのか」――それを記したのが本書です。「水産に関するグラフを描いてみるとほとんどすべてが右肩下がり。上がっているのは漁業者の平均年齢だけ」という状態を打破するには、海外の成功事例から学び、これまでの日本漁業のルール、仕組みを変えていくしかありません。そのための道筋を示しました。

本書では、難解になりがちな科学的な分析結果を、極力平易な言葉に置き換え、わかりやすく書いたつもりです。日本の漁業の未来を読者の皆さんと一緒に考えていきたいと思いますので、最後までお付き合いいただければ幸甚です。

勝川俊雄

魚が食べられなくなる日

目次

第1章

日本の海から魚が消える

減少する国産天然魚

「日本の漁業が危機にある」といっても、一般の消費者にはピンとこないかもしれません。しかし、本書でこれから示すように、日本近海で獲《と》れる魚の数は減少し、サイズも小さくなっていることがわかっています。

日本の漁業がおかしくなり始めたのは1970年代に入ってからのことです。世界の沿岸国が200海里の排他的経済水域（EEZ）を設定したことにより、海外漁場から追い出されたことが原因です。加えて、日本国内の漁場では水産資源が確実に減少しています。

日本の天然資源の漁獲量は、戦後急速に増加し、1970年代の後半に1000万トンになりました。しかしその後、1980年代後半から減少に転じ、現在は370万トン（2014年）にまで落ち込んでいます。実に最盛期の4割以下にまで減っているのです。

水産庁が2011（平成23）年に公表したアンケート調査によると、「水産資源が減少している」と答えた漁業者は約90%にのぼり、資源が増加していると答えたのはわずか0.6%にすぎませんでした。水産資源の減少は、まさに漁業の現場の共通認識なのです。

ベテラン漁業者と話すと、「昔は一晩で、こんなにたくさんの魚が獲れたものだ」という武勇伝に花が咲きます。「昔はこの辺でもウニがたくさん獲れたんだよ。いつの間にかいなくなっちゃったけど」とか、「毎年、秋になると、魚の産卵で湾が白くなったんだけど、最近は見ないな」とか、記録に残されていない、様々な話を聞くことができます。日本の海は、今では想像できないぐらい豊かだったのです。

それが今では、獲れないし、小さくなったと漁業者の誰もが実感する状況になってしまっています。どんな魚がどれくらい減り、小さくなっているのか、私たちになじみの深い代表的な魚種について見てみましょう。

ホッケが小さくなっている

安くて、大きくて、脂ののっている居酒屋の人気メニューといえばホッケです。かつて居酒屋で出てくるホッケはインパクトがありました。大きな皿にそれでもはみ出るくらいの大きさで、食べごたえがありました。私もお金のない学生時代に、ホッケにはお世話になりました。そのホッケが小さくなっていることに、皆さんは気づいていますか。

10年ぐらい前から、大きなホッケが徐々に消えていき、最近では、居酒屋のメニューでホッケを見ること自体が少なくなりました。最後に居酒屋で大きなホッケを食べたのはいつか覚えているでしょうか。ほとんどの人は覚えていないと思います。それもそのはず、ホッケはたった20年で資源量が10分の1に減ってしまっています。ホッケが小さくなった理由は、獲れるホッケの量が減っていき、大きくなる前の小さなホッケも獲らざるを得なくなっているからなのです。

ホッケは北海道周辺海域に3つの独立した集団（系群）に分かれて生息しています。3つの系群すべての資源量が非常に少ない状態になっています。そのなかで、資源量および漁獲量が最も多いのが道北系群です。科学者が推定した道北系群の年齢別の資源量は次ページのグラフのようになります。もう20年近く減少傾向を続けています。近年は、3歳魚以上の資源がほぼ消滅していることから、若齢魚がより多く漁獲されるようになり（若齢魚への「漁獲圧が高まる」という言い方をします）、大きくなるまで残れないと考えられます。

これから卵を産むはずの若齢魚をたくさん獲れば、それだけ次世代の魚が減ることは自明の理です。卵を産み終えた、大きなホッケを適正数だけ獲っていれば全体の量は減らな

ホッケの年齢別資源量の推移

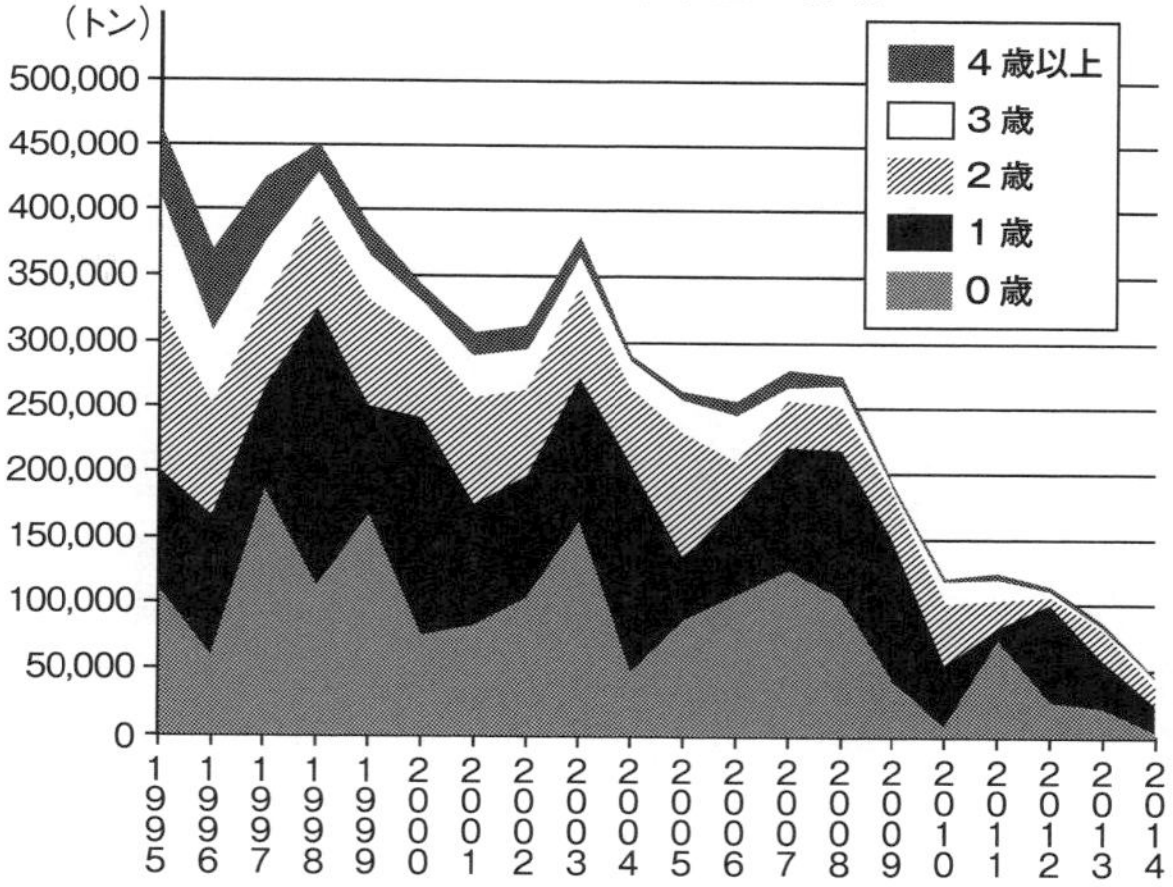

水産研究・教育機構　ホッケ道北系群 平成27年度資源評価票より作成

いはずですが、そうでなかったために減ってしまったということです。

20年で10分の1に減ったとなれば、普通の国なら、禁漁かそれに近い措置を取って資源の回復を図るはずです。しかし、日本政府はホッケ資源の減少をくいとめるための具体的な措置を何ら講じず、資源が減少するのをただ手を拱《こまね》いて眺めているのです。

２０１２（平成24）年から漁業者による自主管理が始まりましたが、資源減少に歯止めがかかりません。漁獲量の落ち込みにより、ホッケ漁を廃業する漁業者も出てきました。すでに経営が厳しい現状で、漁業者の自主的な取り組みには限界があります。

ウナギはすでに絶滅危惧種

ホッケと並んで、近年は大衆魚になったウナギもまた、何十年にもわたって資源が減少してきました。

昭和の時代、ウナギはハレの日の食べ物でした。遠くから親戚が来た日や、何かの記念日などに食べる、特別なごちそうでした。ところが平成に入って、ヨーロッパウナギの稚魚（シラスウナギ）を買い付けて育てた中国産の養殖ウナギが大量に輸入されるようになると、価格は暴落し、スーパーでも真空パックの蒲焼《かばや》きが安く売られるようになりました。料理をつくるのが面倒なときに、温めてご飯にのっけるだけのお手軽料理として重宝され、ハレの日に専門店で食べていたウナギは、日常の手抜き料理へと変貌していったのです。

そうして日本人が安いからと食べまくったヨーロッパウナギは、資源が枯渇して、2010年に絶滅危惧種《きぐしゅ》に指定されました。現在も資源は回復していません。スペイン北部バスク地方の伝統的ウナギ料理は、一皿なんと100ユーロ（約1万2000円）くらい

国内のシラスウナギ漁獲量の推移

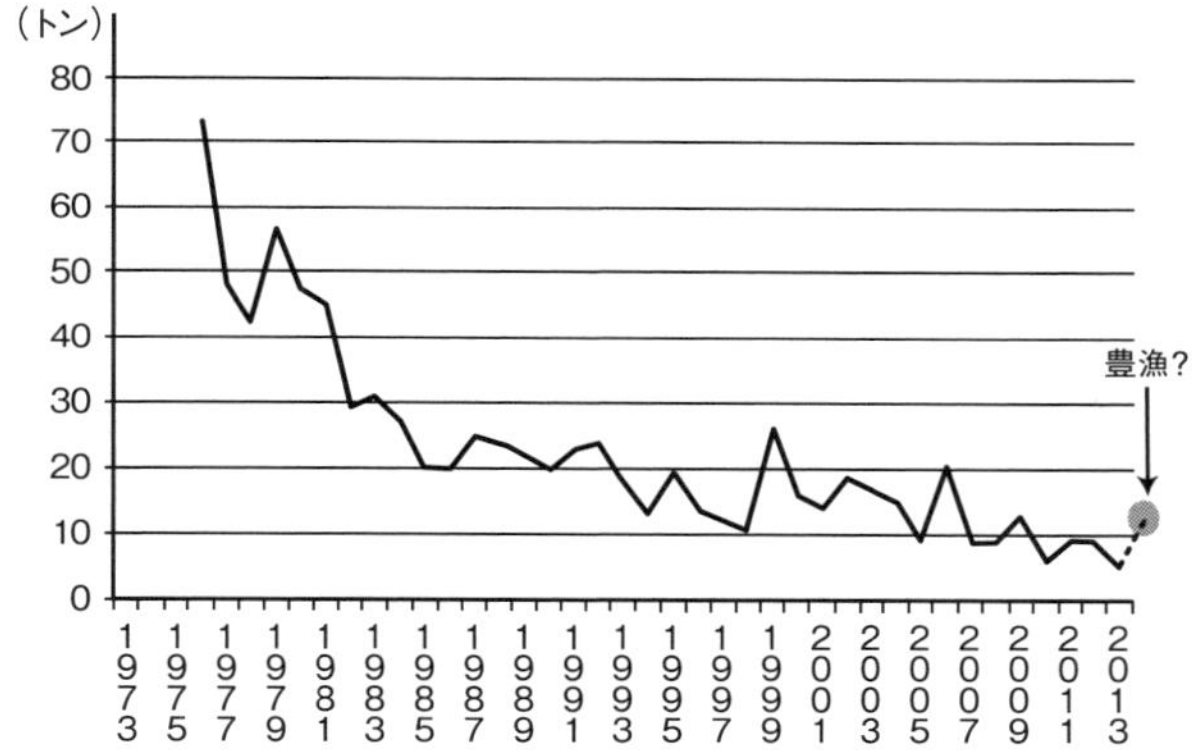

農林水産省『漁業・養殖業生産統計年報』より作成

はするといいます。ヨーロッパウナギのしらすを買い漁《あさ》ったのは中国の養殖企業ですが、彼らは日本人が買ってくれるからそうしているわけです。つまり、私たちの爆食が他国の食文化を破壊してしまったのです。

２０１４年にはニホンウナギも絶滅危惧種になりました。国内のウナギの漁獲量はもう何十年も減少を続けているのですが、絶滅危惧種になる直前まで、ウナギが減っているという意識は、消費者にはありませんでした。なぜなら、１９９０年代から、中国産の安い養殖ウナギが大量に輸入されたため、消費量は増えて値段も下がったからです。また、前年比で少しでも漁獲が増えると、日本のマスメディアは「ウナギが豊漁で安くなる」と大きく報じます。このような近視眼的な報道は、消費者に「ウナギの危機は去ったのかな？」と誤解を与えてしまいます。

自国とヨーロッパのウナギを食べ尽くした日本市場は、今度はインドネシアなど東アジアへも食指を伸ばしています。国内の資源の減少は放置したまま、「国産魚がなくなれば、輸入をすればよい」という無責任な消費が続いています。しかし、国産以外のウナギも有限ですから、持続性を無視した乱食がいずれ行き詰まるのは明らかです。

乱獲が続くクロマグロ

現在の日本で最も国民から愛される魚といえば、マグロでしょう。マグロは大人から子供まで寿司ネタとして幅広い人気を誇っています。マグロにはいくつかの種がありますが、そのなかでも王様といえるのがタイヘイヨウクロマグロ（以下クロマグロ）です。

クロマグロ漁の歴史をひもといてみましょう。日本の貝塚からマグロの骨が出てきていることから、古くは石器時代から食べられていたと考えられます。おそらく、沿岸近くに寄ってきたマグロをモリで突いていたのでしょう。江戸時代までは「鮪」を「シビウオ」

と読んでおり、「死日」に通じることから縁起が悪い魚とされて、それほど人気がなかったようです。江戸時代には、定置網でマグロが多く獲られるようになります。巻き網や釣り、さらには湾に追い込んで地引き網で獲ったりもしたようです。当時は沿岸近くまで、クロマグロの群れが押し寄せていたことがわかります。

江戸時代からの伝統的なマグロ漁業は衰退していき、明治時代になると沿岸付近のクロマグロの漁獲量が減少します。しかし、その後は沖合の延縄《はえなわ》漁業、大型化した定置網など、新しく開発された漁法によって、漁獲量は再び増加に転じます。

戦後は、魚群探知機の発達によって、三陸沖の巻き網による漁獲が主流になりますが、1980年代中頃までにそれも激減しました。1990年代からは高性能の魚群探知機を使って、東シナ海での未成魚の巻き網の漁獲が急増。さらに1990年代後半から沖縄の産卵場での延縄漁業、2004年から日本海産卵場での巻き網漁業が活発化しています。

このように、漁具・漁法の進化によって、これまで利用していなかった漁場の開発が進むと、漁獲が一時的に増えます。その後は、漁場が開発し尽くされ、漁獲が低迷する。このパターンが繰り返されていることがわかります。結果、マグロはますます獲れなくなり、未成魚や産卵群（卵を産むために産卵場を移動している群れ）ばかりが水揚げされるという末期的な状況になってしまいました。

クロマグロは太平洋を横断するような大回游《だいかいゆう》資源ですから、日本、米国、メキシコ、韓国などが参加するWCPFC（中西部太平洋まぐろ類委員会）という国際機関で管理されています。WCPFCでは科学委員会「ISC」が資源量の評価をしています。クロマグロは産卵場も主な生息域も日本周辺海域にあり、漁獲量も日本が一番多くなっているため、ISCのメンバーの多くは日本の水産総合研究センター（現・水産研究・教育機構）の研究者が担っており、日本が科学的な分析と規制について大きな影響力を行使しています。

2008年ごろから一本釣りの漁業者からは「日本海のクロマグロが消えてしまった」という悲痛な声が上がっていました。ところが水産総合研究センターは、クロマグロ資源は豊富であり、資源管理が不要であるという立場を2011年まで示してきました。しかし、2012年に米国の研究者が加わり、分析モデルを改善したところ、資源量が漁獲がなかった場合の3・6％にまで減少していることがわかりました。そして、2014年にはクロマグロが絶滅危惧種になりました。2016年の資源評価では、卵を産める親魚《しんぎょ》

（産卵親魚）の数を表わす親魚資源量がさらに半分に下方修正されました。

ＷＣＰＦＣは、２０１５年になってようやく未成魚の漁獲枠（資源保護のために定められる獲ってもよい魚の量）を導入しました。それまでは何の規制もせず、一年中好きなだけクロマグロを水揚げすることができたのです。しかし、設定された漁獲枠は、資源が今よりも多かった２００２〜04年の漁獲量を基準にしているので、最近になって漁獲量を増やした一部の国以外は、これまでどおりクロマグロを獲り続けることができるのです。国内外から、漁獲規制の実効性に対して、疑問の声が上がっています。

クロマグロの産卵親魚量

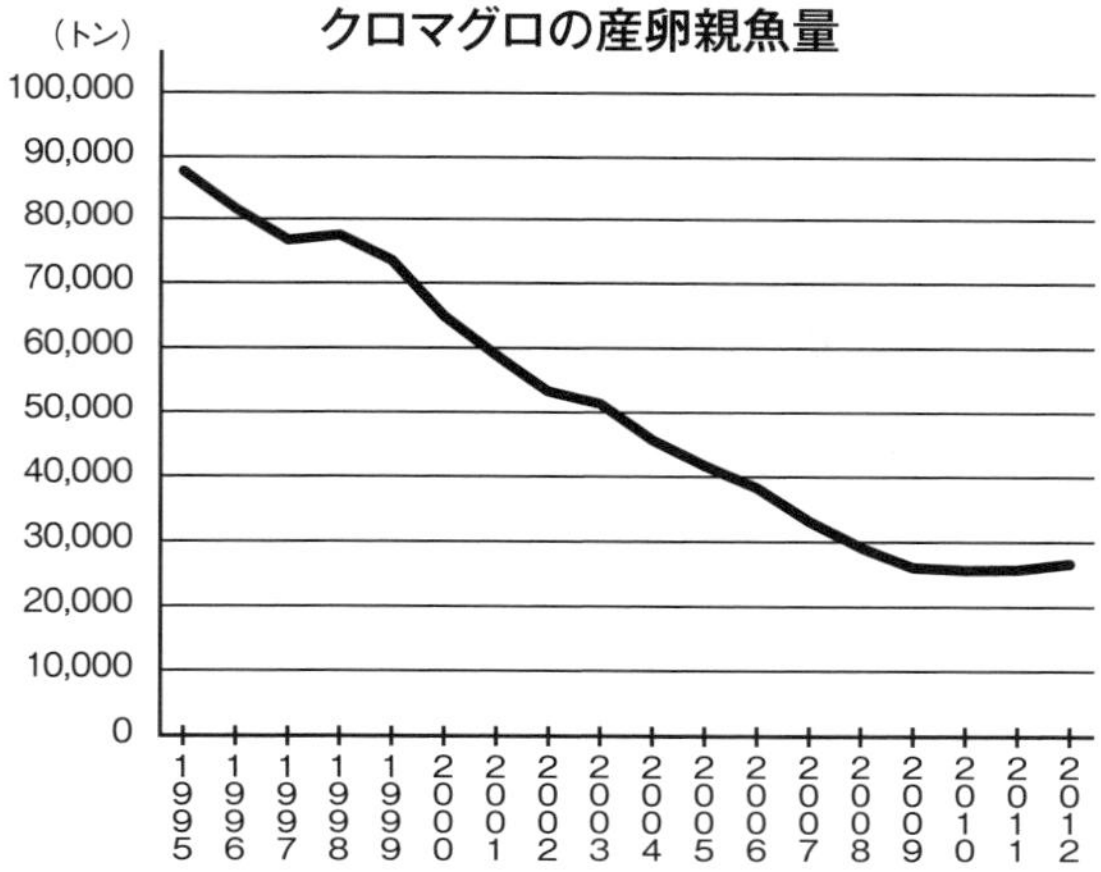

ISC 2014年資源評価より作成

正月料理用の数の子はほぼ外国産

お正月料理には欠かせない一品といえば数の子。いうまでもなく、ニシンの卵です。脂がのったニシンは、焼き魚にしてもジューシーでおいしい魚です。

ニシンは明治時代には年間100万トン近く獲れ、当時の日本の漁獲量全体の3分の1を占めていたほどでした。日本の大黒柱とも言える資源だったのです。

特に北海道の漁業にとっては重要でした。春になると北海道沿岸に卵を産むためにニシンの群れが押し寄せ、留萌《るもい》や小樽《おたる》などニシン漁の拠点に大勢の出稼ぎ労働者がやってきて、町が賑わいました。これらの地域では、ニシンで成した財によって建てられた「ニシン御殿」と呼ばれる豪邸が見られます。

次ページのグラフのように、1897（明治30）年をピークにニシンの漁獲量は減少し始めました。年によって凸凹はあるのですが、大きな流れとしては減少を続けます。

1930年代後半に漁獲量が一時的に下がっているのは戦争の影響です。

1950年代中頃になるとニシンの産卵魚（群れ）が日本にやってこなくなりました。

北海道 ニシン漁獲量の推移

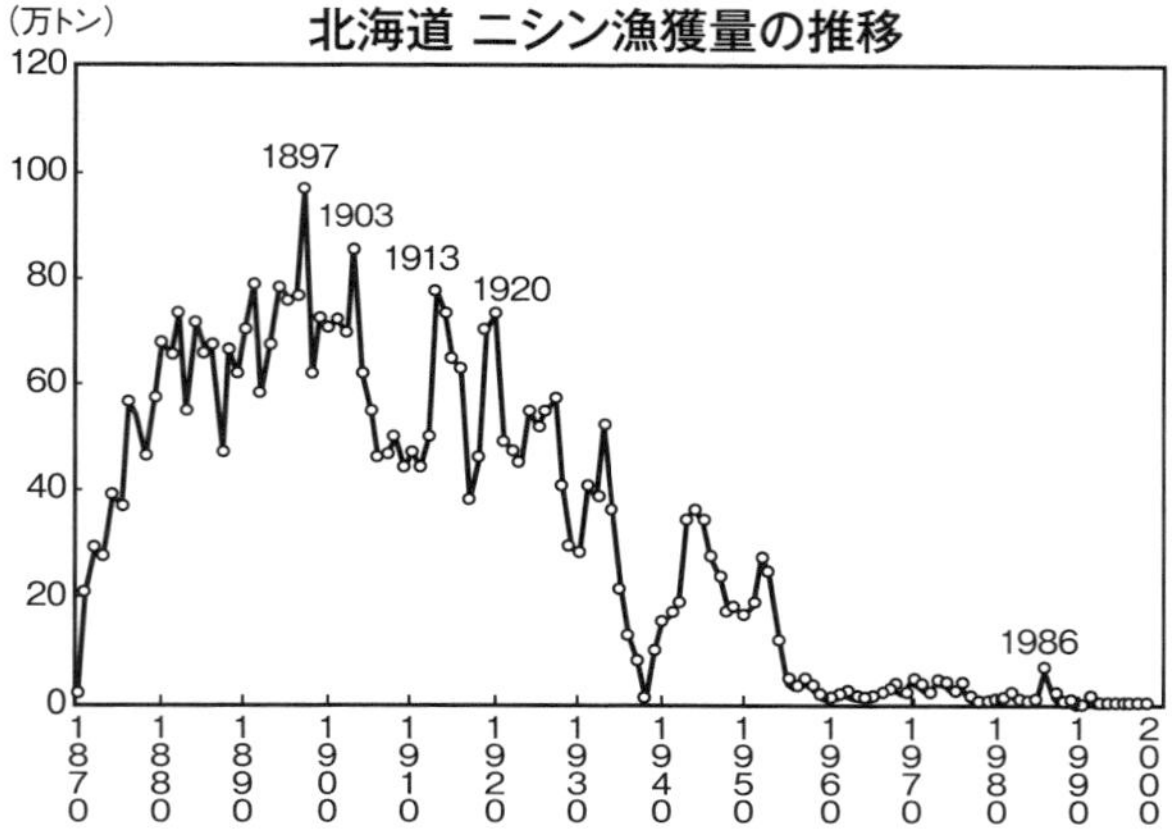

田中伊織「北海道西岸における20世紀の沿岸水温およびニシン漁獲量の変遷」
（北海道立総合研究機構「北水試研報」2002年）より引用

１９８６（昭和61）年に何十年かぶりに群れが戻ってきたのですが、卵を産む前に獲ったところ、再び消滅してしまいました。今でも数千トンレベルの漁獲があるのですが、以前と比較するとゼロに等しい水準です。「でも、暮れになると数の子を見かけるけど？」と思う人がいるかもしれませんが、お正月料理用の数の子はカナダ、アラスカ、欧州、ロシアなどからの輸入のニシンに依存しています。ニシンも国産が消滅し、外国産へと切り替わっているのです。

　ではなぜ日本のニシンがいなくなったのか。環境変動によるものだという説もありますが、確かなことは、何十年も直線的に漁獲量が減少していたにもかかわらず、漁獲にブレーキをかけずに、漁業が成り立たなくなるまで獲り続けてしまったということです。

日本では、魚が減ると決まって、「本当に漁業のせいなのか？」「環境変動が原因じゃないのか？」という議論が巻き起こります。海の中の魚の変動メカニズムについては解明されていない部分が多く、１００％漁業が悪いとはなかなか言えませんが、そうこうして何の策も講じずにいるうちに、魚も漁業もダメになってしまうというケースが多く見られます。

魚の量が減れば、それだけ産まれる卵の数も減ります。魚が減少した要因が環境変動か漁獲かにかかわらず、少なくなった魚が多くの卵を産めるように、漁獲を減らすのが海外では一般的です。

自然環境要因で大幅に増減するマイワシ

もちろん、人間の漁獲だけの要因ですべての魚が減っているとはいえません。代表的な例がマイワシです。

1960年代まで幻の魚と言われていたマイワシは、1972（昭和47）年から爆発的に増加しました。1980年代を通して、高い漁獲量が維持できました。ピーク時には今の日本全体の漁獲量と同じぐらいの量がマイワシだけで漁獲できたのです。私の子ども時代にもよくイワシが食卓にのぼりました。そのときは「またイワシ？」と不満に思ったものですが、今思い返すと、実に贅沢《ぜいたく》であったと思います。

ちょうど、世界の国々が200海里の排他的経済水域を設定して日本漁船が追い出され始めたころ、日本の漁獲量が減ると思いきや、マイワシの爆発的な増加で漁獲量は増え続け、1977〜91年まで世界第1位の座を保ち続けました。ピーク時のマイワシ漁獲の多くは魚粉となって、養殖用のエサとなりました。これがブリやマダイの養殖を進展させたのです。

日本の漁業は幸運に恵まれていたのです。このとき、マイワシが豊富なうちに国内の資源を回復させせて、持続的に漁業をする仕組みをつくる必要があったのですが、残念ながらチャンスをふいにしてしまいました。

マイワシの数は自然変動による影響が大きいと考えられています。カリフォルニア湾の

マイワシの漁獲量推移

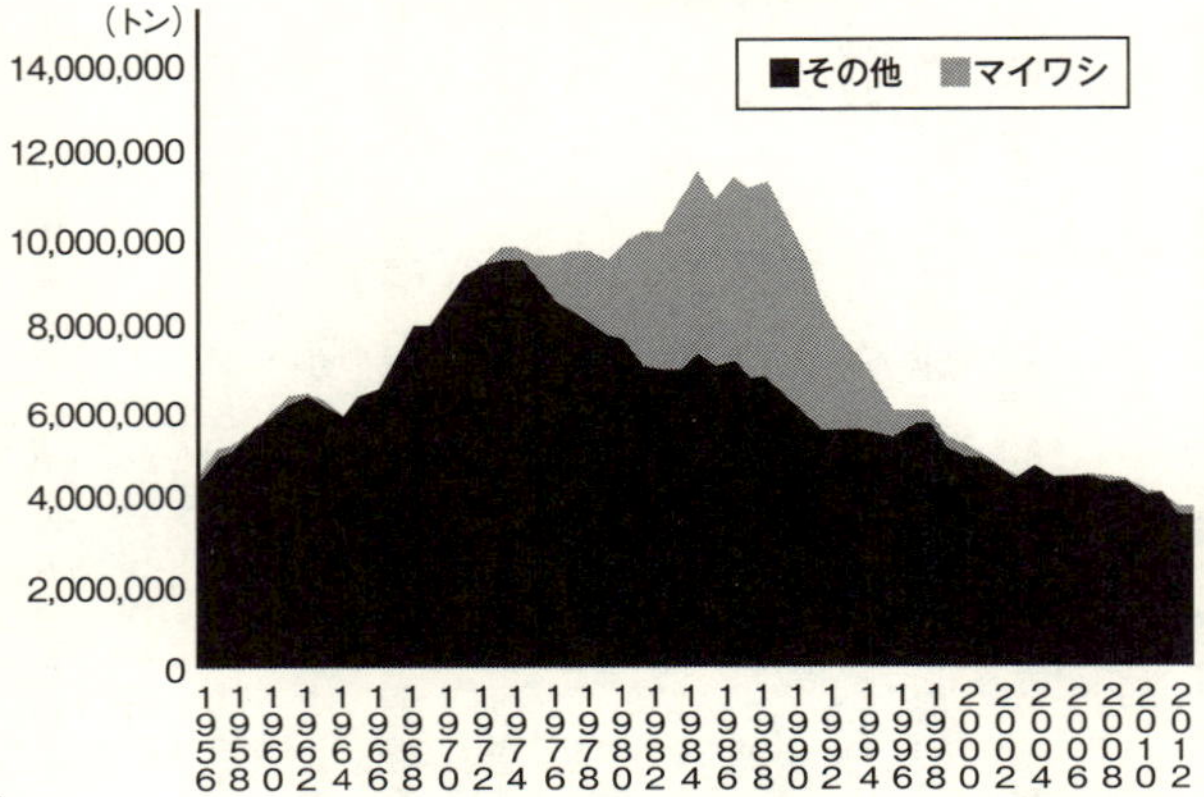

農林水産省　海面漁業魚種別漁獲量累年統計（全国）より作成

堆積物から、マイワシとカタクチイワシの鱗《うろこ》を取り出してみると、これらの魚種が２０００年前から、数十年周期で交互に増加していたことがわかりました。人間の漁獲能力がほとんどなかった時代から増えたり減ったりしていたので、これらの種の変動は人間の漁獲よりも、自然現象による部分が大きいと考えられています。

　日本のマイワシが減少する過程で、卵の生き残り率が悪かったことが１９８９年以降の激減の要因であるということもわかってきました。マイワシが減少してから30年近く経《た》ちます。そろそろ増えるのではないかという期待が高まっています。

季節感がなくなったブリ

ブリといえば冬の魚、というイメージを持っている方は多いでしょう。脂ののった寒ブリは照り焼きにしてもおいしく、じっくり煮込んだブリ大根は冬には欠かせない定番の料理です。九州地方では、正月の魚と言えばブリです。

ところが、冬の風物詩だったはずのブリが、今では一年中スーパーに並んでいます。

実はブリは、特に規制をしていないのに増えている魚です。漁獲率（資源量に対する漁獲量の割合）は毎年40％と比較的高いにもかかわらず、２００５年から資源が倍増し、現在も高い水準が維持されています。漁獲規制をしなくても増えるときには増えるというのが、水産資源の不思議なところです。卵の生き残りが良好な状態が続いているのですが、産卵場付近の海洋環境がブリの生育に適しているのかもしれません。

しかし、資源量が増えると、場当たり的に獲れるだけ獲ってしまうというのが日本の漁業の傾向です。その結果、漁獲量が増え、ブリは季節に関係なく年中市場に出回るようになりました。

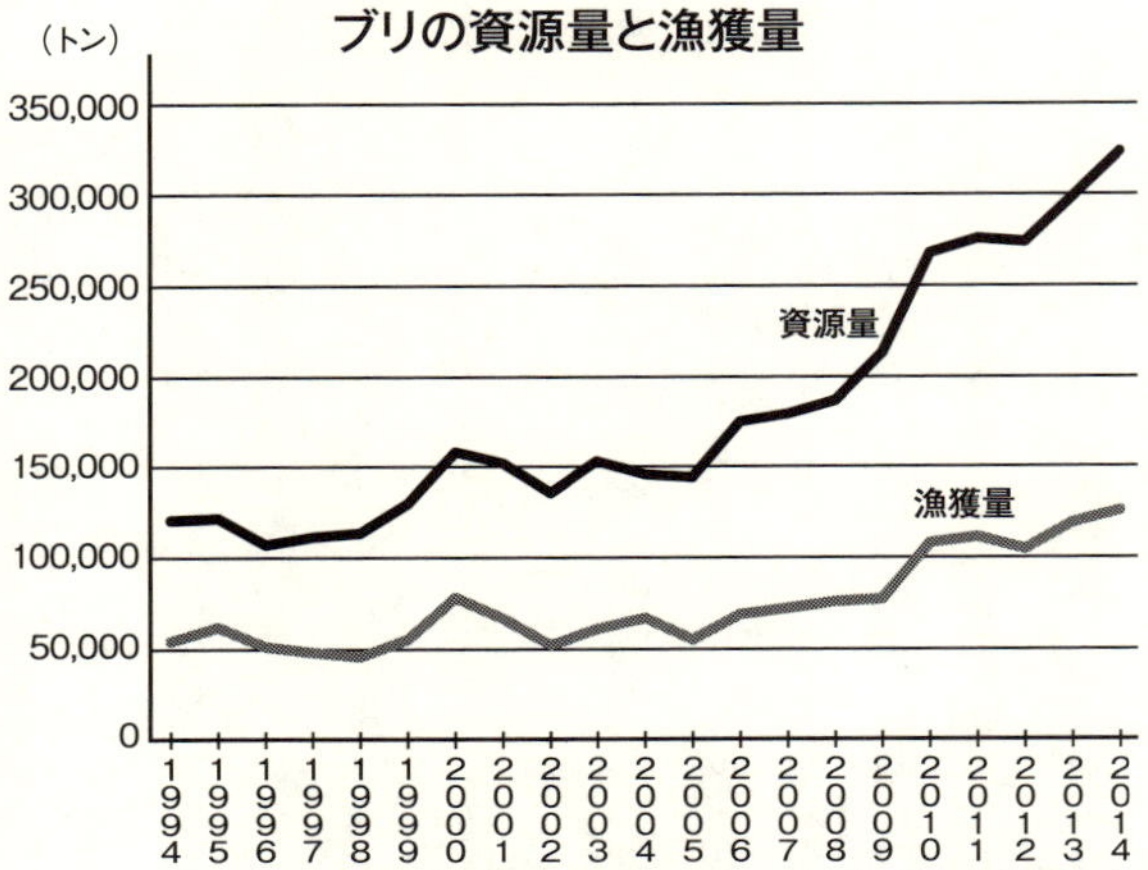

水産研究・教育機構　ブリ 平成27年度資源評価票より作成

夏の脂ののっていない時期のブリは、これが同じ魚かと思うくらいパサパサしていておいしくありません。これは漁業者にとってもよくないことで、消費者のブリへの評価が下がれば、安い値段でしか売れなくなります。また、資源の増加に伴って、小型のブリも大量に流通するようになりました。結局、多く獲ってもその分だけ単価が下がってしまうので、生産金額は上がらず、利益が出ない構図になってしまっているのです。

　ブリのように資源量が増えていても、これまでどおりの漁業のやり方では限界があるということです。

これ以外の魚の状況についても、本文で述べていきますが、ウナギやホッケ、クロマグロのように危機的な状況にある魚が多いうえに、十分な漁獲規制が行なわれていません。手遅れにならないうちに、常態化している乱獲を、本腰を入れて見直すべき時が来ているのです。

水産資源は明らかに減少

日本の天然魚の漁獲量がなぜ最盛期の4割弱に落ち込んでしまったのか、その理由を探るために、日本の漁業が今どうなっているのか、さらに詳しく見ていきましょう。

ホッケとウナギで見たように、漁獲量が減っているのは、海にいる魚の量（資源量）が減ってしまったからと考えられます。それは、科学的な水産資源調査の結果からも見て取ることができます。

国立研究開発法人の水産研究・教育機構（以下、水研機構）という機関が毎年水産資源の評価をしています。過去20年以上の資源がどう移り変わったかを踏まえて、現在の資源量がどれぐらいであるかを評価したものです。

水産資源評価

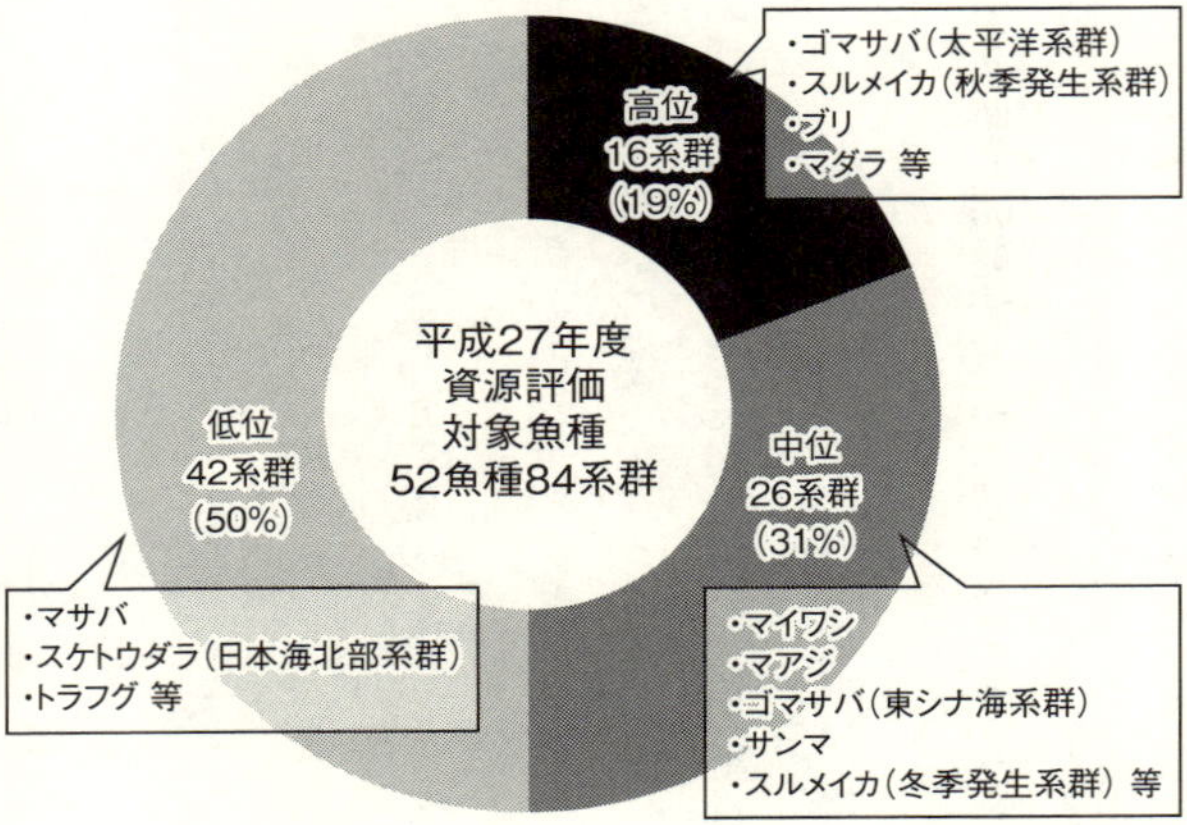

水産庁 平成27年10月30日プレスリリースより

マサバやマイワシなどは、同じ種であっても太平洋側と日本海側に独立した産卵場を持ち、それぞれのエリアで別の動きをする集団があります。同じ種類の魚でもいくつかの集団に分かれるわけです。その集団を「系群」といいます。資源の評価は、魚種をエリアで分解した「系群」ごとに行ないます。

２０１５（平成27）年度は、52魚種84系群の評価が行なわれたのですが、その半数が「低位」という結果でした。

資源状態は「高位・中位・低位」の３段階に区分されており、「高位」であれば、資源量が比較的多い（魚が多い）、逆

ヒラメの資源量と漁獲割合の推移

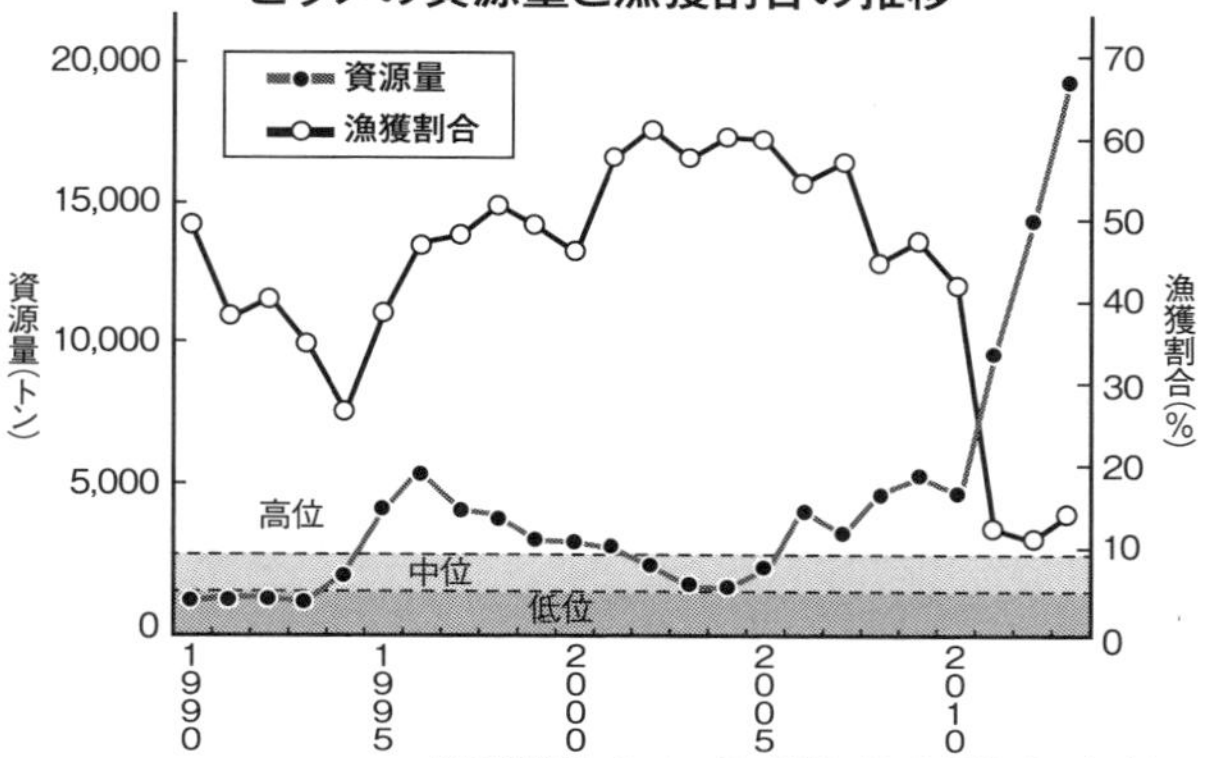

※「漁獲割合」は、その年の資源の何%を漁獲したかを示す。
水産研究・教育機構　ヒラメ太平洋北部系群 平成27年度資源評価票より作成

に「低位」であれば比較的少ない（魚が少ない）ことを示します。

　ここで問題なのは、何をもって「多い」「少ない」とするかを、過去20年程度の資源変動の範囲で評価していることです。20年前にはすでに日本周辺の水産資源の多くは過剰な漁獲で激減していましたから、すでに少なくなったところを基準にしている点を、この統計では注意しなければなりません。

　たとえば、２０１１（平成23）年の原発事故以降、福島県では漁業がほぼ停止されています。５年間漁業を停止した結果、ヒラメをはじめとする多くの資源が急激に増えました。つまり、それまで多くの魚を獲っていたことで、これらの資源は低い水準に抑えつけられていたのです。ヒラメ資源は震災前から「高位」と判断されていましたが、この評価は、漁獲で減る前のもともとの資源水準と比較すれば、極めて低い水準であることがわかります。

漁獲規制が世界の潮流

世界ではどうなっているのでしょうか。生物資源は、鉱物資源などと異なり、適切な環境が整っていれば自然に増加するため、半永久的に利用することができます。しかし、乱獲などで資源が減りすぎると、生産力が失われてしまいます。長期的に見て、その魚の増え方が最大になるような親魚の水準を維持して、増えた分だけ獲るようにすれば、長期的な漁獲量を最大にすることができます。最大の余剰が生産される状態を維持して、元本には手を付けずに利子だけで生活していこうという考え方です。このような考え方をMSY（Maximum Sustainable Yield：最大持続生産量）と言います。

「海の憲法」とも呼ばれる国連海洋法条約では、排他的経済水域内の水産資源がMSYを実現できる漁獲枠を設定することを、沿岸国の義務としています。

２０１５年９月、ニューヨークの国連本部で、「国連持続可能な開発サミット」が開催されました。１５０を超える加盟国首脳が参加して、「我々の世界を変革する：持続可能な開発のための２０３０アジェンダ」が採択されました。そのなかに「持続可能な開発のために海洋資源を保全し、持続的に利用する」というアジェンダ（行動指針）が設定され、減少している水産資源は速やかにＭＳＹを実現できる水準まで回復させるという目標が掲げられています。

国連食糧農業機関（ＦＡＯ）では、ＭＳＹを実現するために適切な資源水準を維持できているかどうかを基準に、水産資源の状態を以下の３つに分類して評価しています。

「乱獲」……すでに乱獲されている漁業（ＭＳＹ水準よりも低い）
「満限漁獲」……資源量がＭＳＹ水準にあり、これ以上漁獲を増やせない漁業（ＭＳＹ水準）
「過小漁獲」……未だ漁獲を増やす余地がある漁業（ＭＳＹ水準よりも高い）

対象となる魚によって幅があるのですが、漁獲が行なわれていなかった時代の20〜50％ぐらいの親魚量が、ＭＳＹを実現できる水準の目安とされています。しかし、日本では先ほど見たように、すでに魚が減った状態を基準に資源水準を定義していますから、ＦＡＯ

が示す世界のスタンダードに照らし合わせてみれば、日本の魚はほとんどが「乱獲」に該当すると思われます。

「養殖魚があるから大丈夫」の誤解

こうした天然資源の減少の話をすると、「養殖があるから大丈夫でしょ?」と、一般の人から言われることがありますが、これは誤解です。一部の例外を除いて、養殖は天然の代替にはなりません。

魚類に占める養殖と天然の生産量（天然であっても「生産量」と呼ぶ）を比較してみると、当初は、漁獲量全体における養殖のシェアは右肩上がりで上昇していたのですが、ここ10年以上はほぼ横ばいが続いています。増えたといっても、そのシェアは10%に達していません。しかも魚類の養殖生産の内訳を見てみると、ブリとマダイの2魚種で生産量の約9割を占めています。魚類の養殖は、量としても、種類としても、日本の食卓を支えられる状態ではありません。

一方、昆布やワカメなどの海藻における養殖のシェアは8割を占め、天然が直線的に減

天然魚と養殖魚の生産量推移

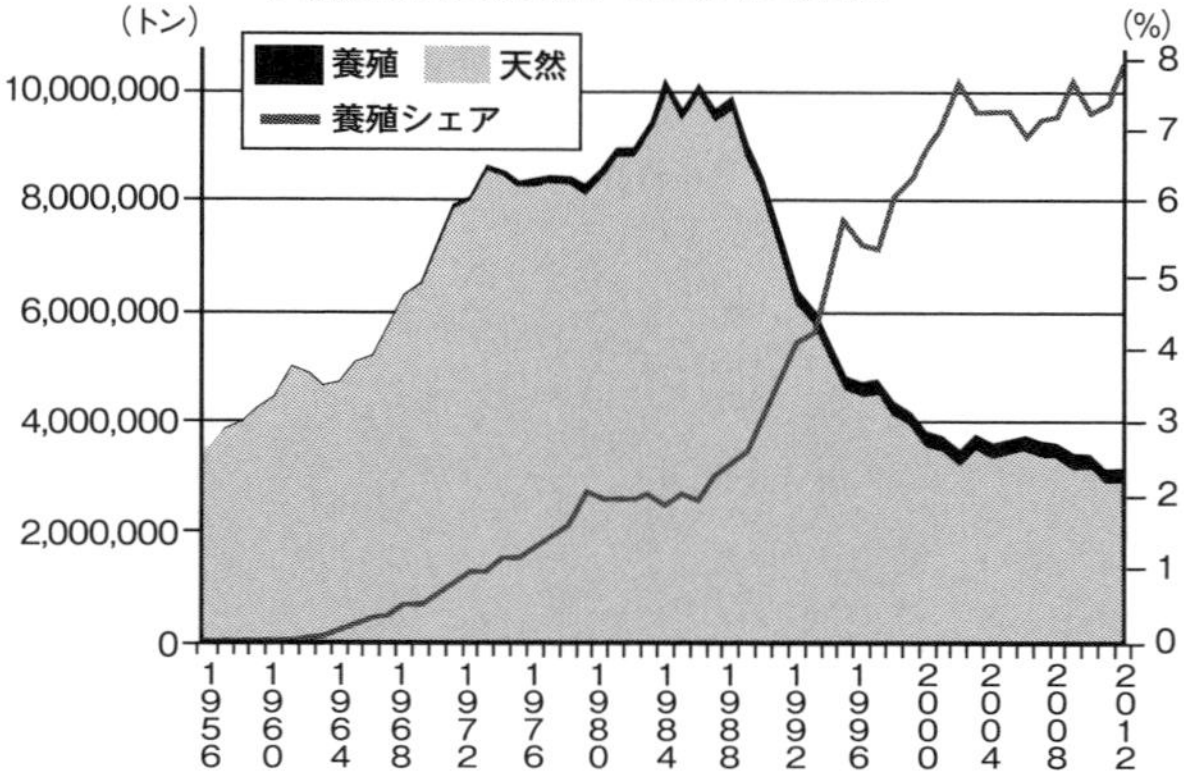

農林水産省『漁業・養殖業生産統計年報』より作成

少していくなかで、養殖が全体の生産を支えています。

海藻の養殖のシェアが高い理由は、エサが不要だからです。海苔《のり》やワカメなどの海藻は光合成で成長するので、人間がエサを与える必要がありません。生育しやすい場所をつくってやれば、勝手に成長をしてくれるために、エサ代がかからず、環境への負荷も小さいといえます。また、牡蠣《かき》やホタテなどの貝類は、水中のプランクトンを濾《こ》し取って栄養を得るので、やはりエサをやる必要がなく、コストパフォーマンスがよいため養殖のシェアが高くなっています。

ところが、クロマグロやブリなど肉食の魚

類を養殖するには、人間が大量のエサを与える必要があります。当然、エサがすべて身になるわけではないので、生産される魚よりも多くのエサを必要とします。たとえば、1キロの養殖クロマグロを生産するには15キロのエサが必要です。養殖クロマグロのエサとなるのは天然のサバの稚魚ですから、養殖魚の生産は大量の天然魚に依存しているわけです。日本では、年間に1万トンの養殖クロマグロが生産されていますが、そのために使われているサバの稚魚は約15万トンにもなります。最近5年（2011～15年）のサバの平均漁獲量が44万トンなので、日本で漁獲されたサバの3分の1が養殖クロマグロのエサになっていることになります。稚魚を獲りすぎたせいで、人間が食べる国産サバが足りなくなって、高いノルウェーサバを輸入せざるを得ないという別の問題も引き起こしています。

エサと並ぶ大きな問題は、種苗《しゅびょう》（元になる稚魚）の確保です。クロマグロの養殖は、天然の稚魚に依存しています。クロマグロは繊細な魚なので、生きたまま生け簀《いす》まで運ぶのは容易ではありません。多くの個体が途中で死んでいるはずですが、その数は獲った人の自己申告であり、正確な状況は把握できていません。

養殖にはこのような問題があり、一筋縄で解決できるものではありません。養殖はいま

日本の水産物の国内生産量と輸入量

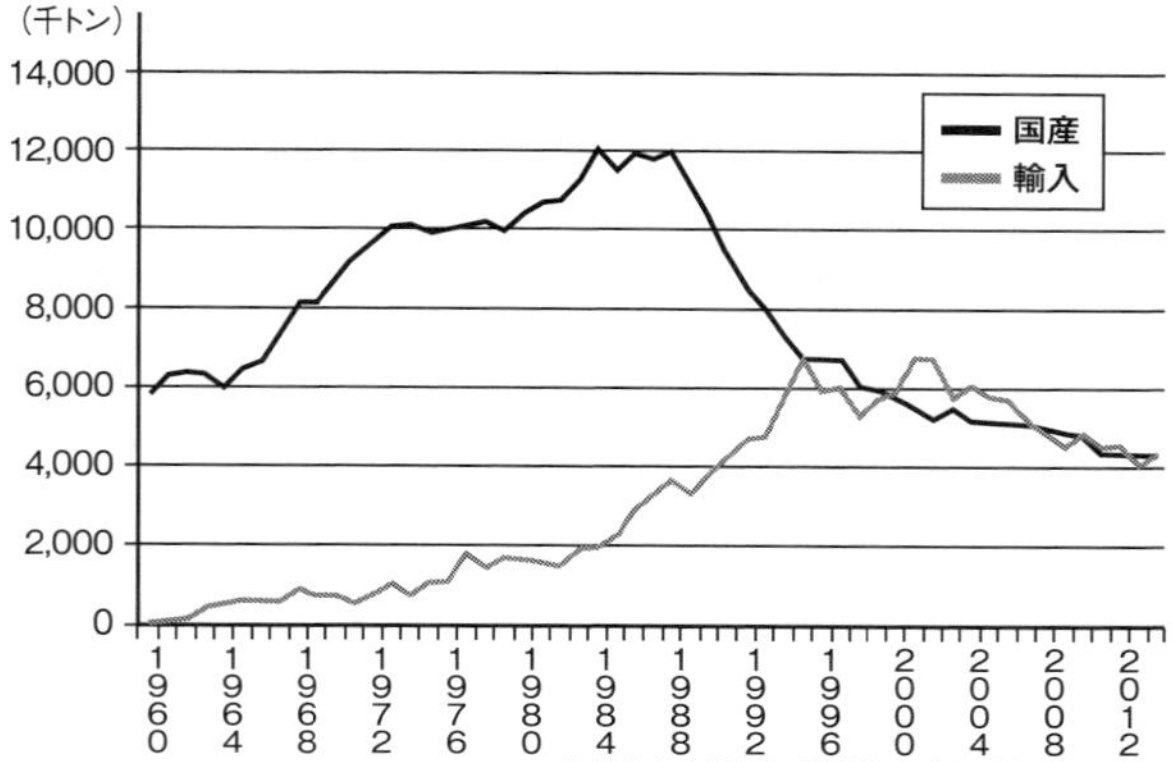

農林水産省『漁業・養殖業生産統計年報』より作成

だに天然を補完できるレベルにはないというのが現実です。

激減する輸入「買い負けは当たり前」

日本周辺の水産資源は減少し、養殖も低迷しているなかで、日本の食卓を支えているのは輸入魚です。「魚が減っているなら海外から買えばよい」という人もいます。ところが、国際的な魚価の上昇により、頼みの綱の輸入魚も減少に転じています。

上のグラフは、水産物の国内生産量と輸入量の推移を示したものです。日本の水産物の輸入は、国産の減少を補う形で２００１年まで増加してきました。

そのため、消費者レベルでは国産魚の減少はあまり実感されてこなかったかもしれません。しかし、その輸入魚に国際的な魚価の上昇という大きな変化の波が押し寄せており、2001年以降、輸入は減少に転じています。

バブル期までは、日本はその経済力にものをいわせて、世界で一番高い値段で水産物を輸入していました。世界の漁業国は、日本に魚を買ってもらうために売り込みをかけていたのです。日本は世界中の国から好きなだけ魚を買うことができました。

しかし、バブル崩壊後の1990年代中頃から日本の輸入単価は低下していき、1997年に米国に抜かれてしまいます。米国の消費はエビやカニが中心で、魚はそれほど多く食べないので、その時点での影響は限定的でした。しかし、その後も日本の購買力は落ちていき、輸入単価は下落を続けたのです。

2000年に入ると、世界的な和食ブームによって、水産物の需要が国際的に増えていきます。特に欧米諸国の需要増によって、日本は魚を安く買うことができなくなりました。〝買い負け〟が起こるようになったのです。

バブルが崩壊してしばらくは、「水産物の買い負け」はニュースになっていました。外

世界の水産物の貿易バランス

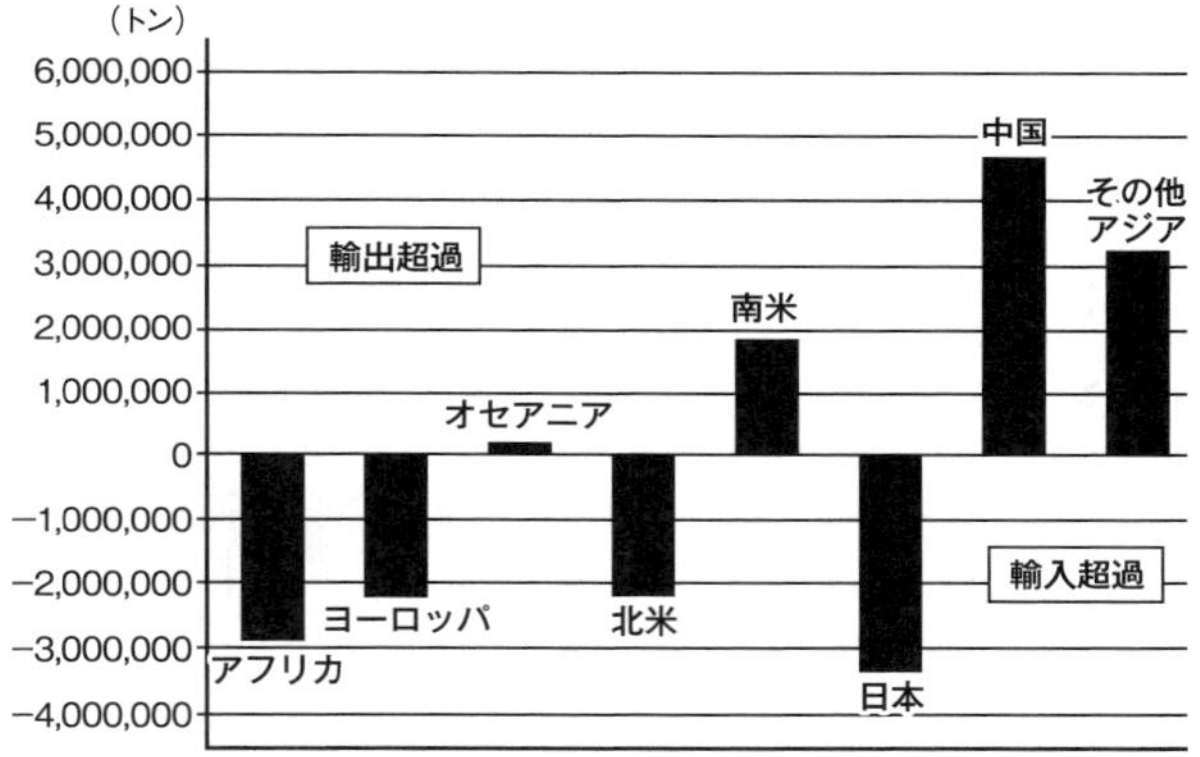

FAO 「フードバランスシート」(2011年)より作成

国に負けたらニュースになるぐらい日本の購買力は圧倒的に強く、日本の商社同士の争いはあっても、他国に負けるなどバブル期まではあり得なかったからです。しかし、現在では、買い負けが当たり前なので、負けてもニュースにならないという寂しい状況です。

高い魚は欧米日へ、安い魚はアフリカへ

世界の国々の水産物の貿易バランスを見てみましょう。上のグラフは世界の主な国と地域の輸出量から輸入量を引いた数値です。プラスなら輸出超過、マイナスなら輸入超過です。アジアは日本、中国、それ以外の3つに分けました。このグラフからわかることは、

中国、その他アジア、南米が輸出した水産物をアフリカ、欧州、北米、日本が食べているという構図です。

日本人の多くは、「中国が世界の魚を食べ尽くしている」と考えているのですが、実は中国は世界最大の輸出超過国なのです。中国の漁業については本章の終わりで詳しく説明します。

好漁場を持つ途上国の水産物が先進国で消費されているのと同時に、人口が増加している途上国では安い魚の需要が高まっています。先進国ばかりでなく、アフリカも水産物は輸入超過なのですが、安いタンパク源として水産物が必要とされているのです。高価な魚も安価な魚も需要超過の状態で、総じて水産物の国際価格は右肩上がりです。世界の水産物のキロ単価は、この30年で4~5倍に上昇しました。

消費者の「魚離れ」はいつから?

このように、日本は天然魚の漁獲は減少傾向で、養殖生産は伸び悩んでいます。そして、頼みの綱の輸入も、日本の購買力の低下と国際的な魚価の上昇によって、減少傾向が鮮明です。私たちの食卓から、どんどん魚が消えつつあることはこれらの資料からも明らかです。

日本人はもともと昔から多くの魚を食べていたイメージがありますが、実はそうではありません。農林水産省が公表している「食料需給表」では１９６０（昭和35）年までデータをさかのぼれるのですが、水産物の消費量のピークは２００１（平成13）年であることがわかります。

冷蔵庫がない時代には、漁村以外ではそう頻繁に魚を食べられなかったはずで、日本人全体が日常的に魚を食べるようになったのは、昭和の高度経済成長期にテレビ、洗濯機と並ぶ三種の神器として冷蔵庫が普及してからです。

たとえば、「食料需要に関する基礎統計」という資料では、１９１１〜25年の魚介類の消費量は１人当たり年３・７キロとなっています。当時の統計がどこまで当てになるかは不明ですが、２０１２年の１人当たり年間消費量が28・４キロ（農林水産省「食料需給表」）ですから、明治時代の日本人が今よりも魚を食べていなかったのは間違いありません。

もちろん、魚食文化は当時から存在し、漁村では毎日のように新鮮な魚介類を食べていたはずですが、今日のように全国的な広がりを持ったものではなかったのです。市場流通が発達していなかったために、漁村では近隣での消費量を超えて獲れた分は、海の近くの畑の肥料になっていました。

水産物の消費量のピークである2001年よりもずっと以前から魚離れが進んでいたような印象をお持ちの読者は多いでしょう。しかし、それはメディアの刷り込みによるものです。

朝日新聞に最初に魚離れが登場したのは1976（昭和51）年でした。紙面には、「『魚が好き』やっと半数」「一匹買わずに切り身で」「魚屋よりスーパーが好き」などといった見出しが躍っています。実に、40年前の記事ですが、今日でも通用しそうな見出しです。

水産庁の『漁業白書』では1978年に初めて「魚離れ」が登場します。当時は、200海里の排他的経済水域設定で海外漁場から追い出された上に、魚の値段が上がって食肉との価格差がなくなりつつあり、魚の売れ行きが悪くなることが懸念されていました。そこで、業界のために〝販売促進〟をしたのでしょう。実際に食用となる国産魚の供給はこの時点から減少の一途を辿《たど》りますが、それを補う形で輸入が増えることで、日本人1人当たり1年間の水産物消費量は、2001年まで増加を続けるのです。

水産庁がメディアに魚離れの問題をコンスタントに流すことで、あたかも魚離れが進んでいるような雰囲気が社会に醸成されていきましたが、実際に進んでいたのは「国産魚の供給不足」だったわけです。

2001年を境に水産物の消費量が減少に転じた理由は、前述したように世界の魚価が上昇し、購買力の低下した日本が魚を海外から買えなくなったからです。海外から買うことができなくても、日本近海でたくさんの魚が獲れればいいのですが、それがだんだん獲れなくなっているのです。スーパーでは、豚肉や鶏肉に対して魚は割高になり、種類も少なくなっています。ですから、今の状況は「日本人の魚離れ」というよりも、「魚の日本離れ」といったほうが適切かもしれません。

なぜ魚はいなくなったのか

日本近海から魚が減ってしまったのは、本当に日本の漁業のせいなのでしょうか。様々な要因が水産資源の増減に影響していますが、一般的によく言われているのは次のような理由です。

①中国、韓国船による乱獲

②クジラが食べてしまった

③地球温暖化

まず①ですが、中国船や韓国船の影響は海域によって大きく異なります。日本海と東シナ海は漁場を接しているために、同じ資源を利用しているケースもあります。こういう場合には影響は免れません。しかし、太平洋では、中国、韓国の船も日本の200海里の外で漁獲をしています。当然のことながら、海上保安庁の船が沿岸を警備していますから、外国の漁船が200海里の中に入ってきて、魚を根こそぎ獲っていくような真似《まね》はできません。外国船の違法操業がほぼ不可能な瀬戸内海や内湾部の資源も同じように減っているので、これだけが原因とは考えづらいでしょう。

②については、確かにいくつかの種のクジラの数が回復しているのは世界的な傾向です。そのため、増えたクジラによって食べられてしまい、魚が減っていると考える人もいます。しかし、科学的な根拠は極めて脆弱《ぜいじゃく》です。

クジラの数は大規模な捕鯨が始まる前と比べれば依然として低い水準です。また、クジラが多い海域ほど水産資源が減少しているという傾向もありません。南半球は日本以外の捕鯨が行なわれておらず、クジラの数は多いと思われますが、オセアニアの水産資源はほとんどが良好な状態です。日本の周辺海域だけで鯨類の食害で水産資源が減っているというのは、合理性を欠く論理です。

③については、現に、漁獲規制をしている他国では魚が増えているという実態があり、日本のように漁獲規制が不十分な国でだけ地球温暖化によって魚が減るというのはおかしな話です。確かに自然環境によって魚が増えたり減ったりするのは事実ですが、多くの魚種が同時に自然現象で減ることはまずありません。なぜなら、温暖化によって水温が上昇すれば、寒流系の魚の資源量は減るかもしれませんが、暖流系の魚の資源量は逆に増えるはずだからです。日本近海のように、ほとんどの魚が同時に減るようなことはまず起こりません。

これら①②③の理由では、日本全国で魚が獲れなくなっていることをうまく説明できません。原因は、日本漁船による過剰な漁獲であり、水産資源の「元本」を減らし続けたために「残高」が底をつきかけているのです。その結果として、漁業の衰退が起こったと考えるのが自然です。

誤解されている中国の漁業

ここで、日本の魚が減った原因として常に槍玉《やりだま》に挙げられてきた中国の漁業の実態を見ておきましょう。

日本の漁業を論じるうえで、中国の漁業を避けて通ることはできません。中国が積極的に海洋に進出してきている以上、好むと好まざるにかかわらず、この先も付き合っていかなければならない厄介な隣人です。そのためには相手のことを正しく知らなければならないのに、中国の漁業に対して間違った認識が広がっているのは歯痒《はがゆ》いことです。

中国漁業の実情について、統計を元に整理してみると、彼らの戦略は実にしたたかで、私たちが思っている以上に脅威であることがわかります。

FAO（国連食糧農業機関）のフードバランスシート（食料需給表）を使って、世界の水産物の収支をまとめたグラフを43ページに載せました。南米、中国、その他アジア、オセアアニアが輸出した水産物を、アフリカ、北米、日本、欧州が消費しているのは前述のとおりです。

この統計データを見れば明らかなように、中国は輸入よりも輸出が多い水産物輸出超過国であり、中国の自給率は100%を超えています。それに対して、日本は輸出が極めて少なく、食用の半分は輸入に頼っています。日本の水産物の輸入の20%が中国産です。日本は中国に食べさせてもらっているのです。

世界一の輸入超過国である日本が、世界一の輸出超過国の中国のことを、「世界の魚を食べ尽くす」と非難しているのだから、おかしな話です。そういう報道に対して、誰もツッコミを入れないのが日本の恐ろしいところです。

中国は世界一の養殖大国

中国の漁業生産の内訳について見てみましょう。海面漁業（河川ではなく海で営む漁業）の生産は1990年代から頭打ちで、ほとんど増加していません。最近20年の中国の漁業生産の増加を支えているのは養殖なのです。2013年当時、漁業生産量の74%が養殖となっています。日本では、中国の水産業というと違法操業や乱獲というイメージがあるのですが、実は中国は世界屈指の養殖大国なのです。

海での養殖は、二枚貝と海藻が多くの割合を占めています。エサをやる必要がなく、採算を取りやすい養殖業です。淡水養殖の主力は、コイ科の草食魚です。ハクレン、コクレンなどの淡水魚は、池に自生する藻を食べて成長します。

経済成長に伴う環境の悪化により、中国の河川は富栄養化が進んでいます。アオコ（微細藻類）が大発生して、水面を覆い尽くしてしまいます。ハクレンなどの魚は、このアオコを食べて成長することができるので、人間がエサをやる必要がありません。それどころか環境の浄化にも寄与しています。環境負荷が少ないエコな養殖といえるでしょう。これらのコイ科の魚は中華料理の高級食材として、国内だけでなく海外でも消費されています。

中国は大規模な養殖事業を展開しています。経営体の規模が大きく、利益も出ているので優秀な人材が集まり、研究開発が活発に行なわれています。世界最大の養殖国である中国の技術水準は、日本をはるかに凌駕《りょうが》しています。たとえば、日本はヒジキを養殖する技術がないので、私たちの食卓にのるヒジキは中国の養殖ヒジキに依存しています。ウナギやマグロなど、日本が採算度外視で公的資金をつぎ込んだ一部の領域を除けば、中国のほうが技術的に進んでいる場合も多いのです。

したたかな中国の戦略

中国の漁業戦略は実に合理的です。公海や日中暫定水域など自由に操業できる場所では、コストの安さを生かして、持続性を無視した操業を行なっています。また、アフリカや太平洋島嶼《とうしょ》国との関係を深めて現地に合弁会社を設立し、他国の水産資源へのアクセスを確保しています。国内では、大規模養殖を推進して、持続的に生産を伸ばしています。それぞれの場所で戦略的に行動することで、生産を伸ばしているのです。

中国の立場に立って、日本を弱体化するなら、どうするかを考えてみましょう。私なら、まず、漁船を日本との境界線まで展開して、徹底的に水産資源を乱獲します。後で詳しく述べますが、日本の離島漁業が衰退すれば、それだけ侵略や実効支配しやすくなるからです。さらに、日本の水産資源が枯渇すれば、中国に対する食料依存度が高まることになります。自国周辺の海洋資源が枯渇しても、中国には海外漁場や淡水養殖という切り札があるので困りません。中国への食料依存度が高まったところで禁輸措置をちらつかせれば、日本の妥協が引き出せるかもしれません。

中国が日本と同じように持続性を無視した乱消費をしているなら、たいした脅威ではありません。遅かれ早かれ、共倒れになるだけです。中国が戦略的に行動をして、水産物を持続的に輸出する体制を整えて、そこに日本が依存しているから脅威なのです。「どうせ中国船が乱獲をするから、日本の漁業を規制しても仕方がない」といって、自国の乱獲を放置し続ければ、中国への依存度が高まり、不利な状況に追い込まれます。

将来、日本が日中関係でイニシアチブを握るためには、不必要な中国依存は避けるべきです。水産物については、日本国内できちんと供給できる体制を整えなければなりません。そのための方策を、これからこの本のなかで述べていきたいと思います。

第2章
なぜ日本漁業は衰退したのか

2つの転換点

今の日本では、漁業というと儲《もう》からない産業の代名詞になってしまいましたが、戦前は貴重な外貨の収入源であり、戦後の一時期はとても儲かる産業でした。戦後の漁業の歴史を振り返り、いつから、どうして日本の漁業が衰退していったのか考えてみたいと思います。

戦後の日本漁業には2つの大きな転換点がありました。1つ目は、1970年代中頃の沿岸国による200海里の排他的経済水域（EEZ）の設定。2つ目は、バブル崩壊からの長引く不況です。この2つの転換点を挟んで、何が起こったかを詳しく見ていくことにします。

終戦から続いた黄金時代

1945（昭和20）年、日本はポツダム宣言を受諾し、太平洋戦争は終結しました。敗戦後の日本は極度の食料難にさらされ、栄養失調や餓死する人が出る時代でした。この時期、お腹を空かせた国民に食料を供給することが、国家としての最優先課題でした。特に不足していたのが動物性タンパク質です。穀物すら不足している状態で十分な量の食肉が生産できるはずもなく、動物性タンパク質の供給源として水産物にかかる期待は大きいものでした。

そこで政府は国を挙げて漁業を振興することとし、水産業界は飢えた国民に食料を届けるために必死の努力をして、次第に生産を増やしていきます。水産業が日本の食糧事情の改善に大きく貢献した、一番輝いていた時代です。

1950〜60年代になると、沿岸から遠洋へと漁場を拡大していくことで、漁業は急激な成長を遂げました。当時は「公海自由の原則」があり、世界中のどこの国でも沿岸3海里（約5キロメートル）の外では、魚を好きなだけ獲《と》ることができたのです。

その当時、すでに乱獲で資源が減少していたのは先進国の一部の漁場だけでした。漁船の動力化が進んでいなかった途上国には手つかずの漁場が無数に存在し、外国漁船がそれを自由に利用できたのです。日本は産官学が連携して、未利用資源の開発と新漁場の開発に取り組みました。たとえば、ベーリング海、中部太平洋、南米、アフリカなど、海外の漁場を積極的に開発していきました。これに伴って、漁船の大型化や冷凍技術の開発が進み、日本漁業はさらなる活況を呈するようになったのです。

当時、遠洋漁業の現場で働く漁師たちは、陸の仕事の何倍も稼ぐことができました。中学を卒業したてでも遠洋漁船に乗れば、公務員の数年分の給料を数カ月で稼ぐことができたほどです。遠洋漁業の拠点となる漁港では、札束を腹巻きに巻いた漁師たちが豪遊し、繁華街が栄えました。漁業で得られた富が地域経済を潤していた時代です。

外洋へ漁場を拡大

日本では、漁業を大きく3つの区分に分けています。最も小規模なのが「沿岸漁業」です。沿岸漁業は、数人乗りの小さな漁船で、日帰りの漁を行なう家族経営の漁業です。定置網や養殖業も沿岸漁業に含まれます。

次に規模が大きいのが「沖合漁業」です。大きな漁船で県をまたいで操業します。漁場は日本のEEZの内側がほとんどで、1日〜数日間の漁を行ないます。ある程度の資本が必要なために、会社組織での漁業が多くを占めています。イワシやサバなどの群れを大きな網で巻いて獲る「巻き網」や「底引き網」などの漁法が主流です。

我が国主要遠洋漁業の漁場概要　昭和50年（1975年）

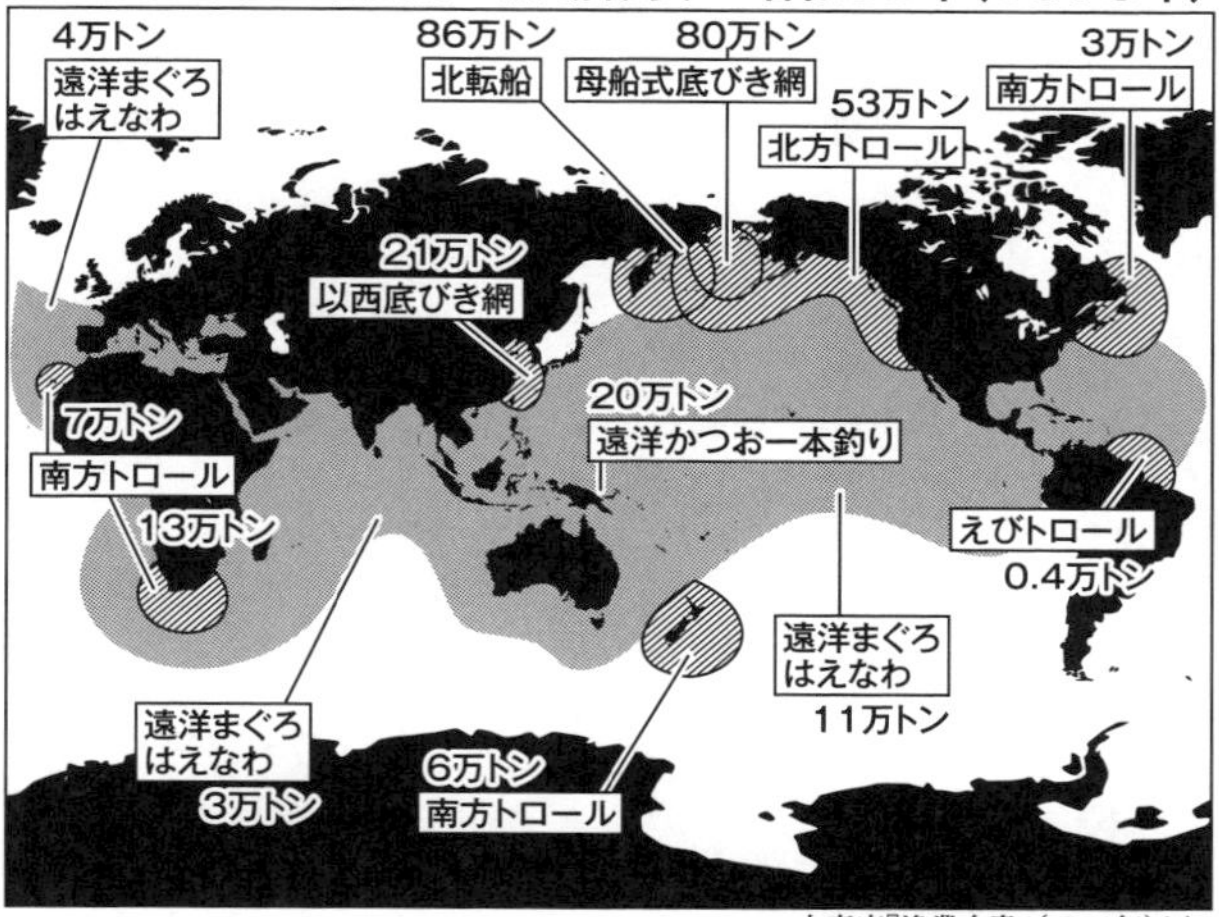

水産庁『漁業白書』（1976年）より

そして、最も規模が大きいのが「遠洋漁業」です。遠洋漁業は日本のEEZの外側の漁場で漁を行なうものです。最も遠い場合では地球の反対側まで行くこともあります。漁期も数カ月から、場合によっては1年を超えるケースもあります。主な漁法は「マグロ延縄《はえなわ》」「巻き網」「底引き網」です。

1950年代に発展した遠洋漁業は拡大を続け、70年代には日本の漁船が世界中に進出していました（上図参照）。こうした外洋進出の目的は、食料増産ばかりでなく、別の面もありました。東京水産大学（現・東京海洋大学）の平沢豊教授は次のように述べています。

「沿岸から沖合へ、沖合から遠洋へ」のスローガンは、建前としては我が国の漁業の様相を根本的に変えることを目的としていた。すなわち、沿岸の過剰な漁船を沖合へ、遠洋へと展開させることによって、現存する沿岸・沖合の過剰な漁獲努力量、つまり過剰な漁船、人員を減少させ、漁船一隻あたり、一人あたりの漁獲量を大きくし、所得を向上させることを目的とした、間引き政策なのである。

（『日本の漁業・世界の漁業―略奪から管理へ』〔北斗書房〕より引用）

戦後まもなく、参入障壁が低い沿岸漁業は、あっという間に過剰漁獲の状態に陥っていき、1952（昭和27）年の時点で就業者はすでに減少局面に入りました。1962年の『科学技術白書』にはすでに「沿岸漁業は、就業者が多く、生産性も著しく低いため、抜本的対策を講じないかぎり、現状の維持さえも困難」と記述されています。漁場を外洋へと拡大する政策は、国内の過剰な漁船を外に押し出すことで、国内漁業を保護するという目的もあったのです。

漁獲技術の発展と収奪型漁業

1950～60年代には漁獲技術の革新も起こりました。なかでも最も画期的だったのは、長崎県の古野電気が発明した魚群探知機です。潜水艦に搭載されていた超音波の技術を応用して、海の中の魚の群れを感知する装置です。魚群探知機の登場は、それまで経験と勘に頼っていた漁業のあり方を一変させました。

魚群探知機が普及する以前は、「沈船を見つけたら家が建つ」といわれていました。沈船のような海底構造物は隠れ家となるので、魚が多く集まるからです。魚群探知機がない時代には、人間に知られていない魚礁がたくさんあり、漁業にさらされない魚が多く生息していましたが、魚群探知機の普及により、誰もが上を船で通るだけで魚群や魚礁となる構造物を見つけることができるようになりました。1950年代から普及した魚群探知機が、経験的知識の蓄積がない海外漁場の開発に威力を発揮したのはいうまでもありません。冷凍・冷蔵技術の発展も漁場の拡大に寄与しました。

日本漁船の海外での操業は、魚を獲れるだけ獲り、獲れなくなったら場所を変えて別の魚を獲るという、収奪型な漁法を採用していました。産官学を挙げて、新漁場開発と未利用資源の開発に力を入れることで、収奪型漁業の継続が可能だったのです。

当時、世界の遠洋漁業国は、程度は違えど同じような感覚で魚を獲っていました。なかでも日本の魚を獲る技術は世界一で、とりわけ、他国よりも早く、多く獲る早獲り競争においては、今でも世界屈指の技術を有しています。

200海里時代へ

海外漁場における日本の漁獲量が右肩上がりで増加するにともない、沿岸国（特に途上国）からは不満の声が上がりました。日本の水産業界には、「自分たちが開発した漁場は自分たちのもの」という感覚があったのですが、沿岸国にしてみれば外国の大型漁船がやって来て自国の沿岸の資源を根こそぎ持って行ってしまうのですから、不満がたまるのも無理はありません。

当時は、沿岸3海里から外の海の水産資源は早い者勝ちの獲り放題であったため、沿岸国は指をくわえて見ているか、自分たちも一緒になって獲るかしかありませんでした。そのうち、先進国に対抗する漁獲能力を持たない途上国が漁場を確保するために、自分たちが排他的に利用できる漁業水域を広げようという動きが出てきます。

1960年、スイスのジュネーヴで「第二次国連海洋法会議」が開催され、領海の拡大を求める途上国と公海漁場の維持を目指す日本などの遠洋漁業国が対立しました。そこで米国とカナダが中心となり、6海里（約11キロ）の領海と、その外側に6海里の漁業水域を認める折衷案をまとめて、幅広い支持を得ました。沿岸国の排他的漁業水域を、これまでの3海里から12海里まで拡張しようということです。強力な海軍力を持つ米国は、航海の自由を求めて、領海の拡張には消極的でしたが、途上国の主張は無視できないという判断です。これに対して日本は、自分たちが自由に使える漁場が狭められてしまうと考えて白票を投じます。その結果、採択に必要な参加国の3分の2の賛成に1票足りずに、この案は立ち消えとなりました。もし日本が賛成していれば、12海里の漁業水域が国際条約になっていたはずです。

ところが、話はこれで終わりません。第2次国連海洋法会議でのゼロ回答に業を煮やした途上国の働きかけによって、1973年に「第三次国連海洋法会議」が米国・ニューヨークで開催されます。そして、議論の末に、今度は200海里（約370キロ）までの排他的経済水域という国際的な枠組みが確立されたのです。

会議が始まるころにはすでに外堀が埋められていたようで、当時の外務省の外交交渉の経過を記した『外交青書』には、このときの様子が次のように書かれています。

「現在開催されている第3次海洋法会議においては、200海里の排他的経済水域設定はもはや動かし難い趨勢《すうせい》となつており、かかる国際的潮流を背景として、資源ナショナリズムに立つ沿岸国の主張はますます強化され、沿岸国による領海あるいは漁業水域の拡張が相次いでいる」

第3次海洋法会議の結果を受けて、76年1月から77年3月までに、先進国と途上国を含めて、総計約20カ国が200海里水域を設定しました。

海外の漁場から締め出される日本漁船

200海里が設定されたことによって、世界の好漁場のほとんどがどこかの国の排他的経済水域（ＥＥＺ）に含まれることになりました。というのも、陸地から遠い海域は砂漠のようなもので、生物が住む場所は極めて限定的になるからです。１９７５年の日本の水揚げ（重量）シェアは、日本のＥＥＺが58％、他国のＥＥＺが39％で、公海は３％にすぎません。

海洋生物の成長には、植物プランクトンが必要不可欠です。植物プランクトンが増加するには、太陽の光とリンや窒素などの栄養塩が必要です。栄養塩は海中で沈むので、水深が深い場所では太陽の光が届く範囲には栄養塩がほとんど存在しません。水深が浅く、陸地から栄養塩が供給されるエリアでこそ、植物プランクトンが大量に発生し、大きな食物連鎖のピラミッドを支えることができるのです。そのため、ほとんどの好漁場は、陸地に近いエリアに存在します。

２００海里体制に移行した後も、しばらくは入漁料を払うことで日本船は海外漁場での操業を継続しましたが、沿岸国が自分たちで獲ったほうが儲かることに気づいてからは入漁料が高騰するという形で、じわじわと締め出されていきました。日本にとって最も重要だったベーリング海（アラスカ半島に面する太平洋最北部）からは、米国に追い出されてしまいました。ロシアも入漁料を段階的に値上げしていき、日本船を締め出しにかかっています。唯一残された太平洋島嶼《とうしょ》国でも、入漁料の値上げと自国船の優遇に進んでおり、近い将来、日本漁船が締め出される可能性があります。

200海里を巡る協議のプロセスを見ていくと、日本の戦略のなさが浮き彫りになります。1960年の時点で、沿岸国の権利を強化する方向で議論が進むのは不可避でしたから、米国とカナダは苦労して妥協案をまとめたのです。にもかかわらず、日本は国際的な流れを無視して、妥協案を葬りました。途上国側と妥協をして、12海里で合意していれば、その後の漁業水域の拡張は緩やかなものになったはずです。日本が断固反対したばかりに200海里時代の到来を早めたともいえます。

世界の大勢を見れば漁業水域の拡大に向かうことは自明だったのですから、大きな流れに逆らうのではなく、国益に適《かな》うルールになるように国際社会に働きかけるべきでした。

当時の日本政府は全力で反対をしたのですが、私は200海里が導入されたことは、日本にとって実に幸運であったと考えています。200海里のEEZによって、日本は外国の漁場を失うことになったのですが、その代償として図らずも世界第6位の広さの広大な

日本の200海里水域（排他的経済水域）概念図

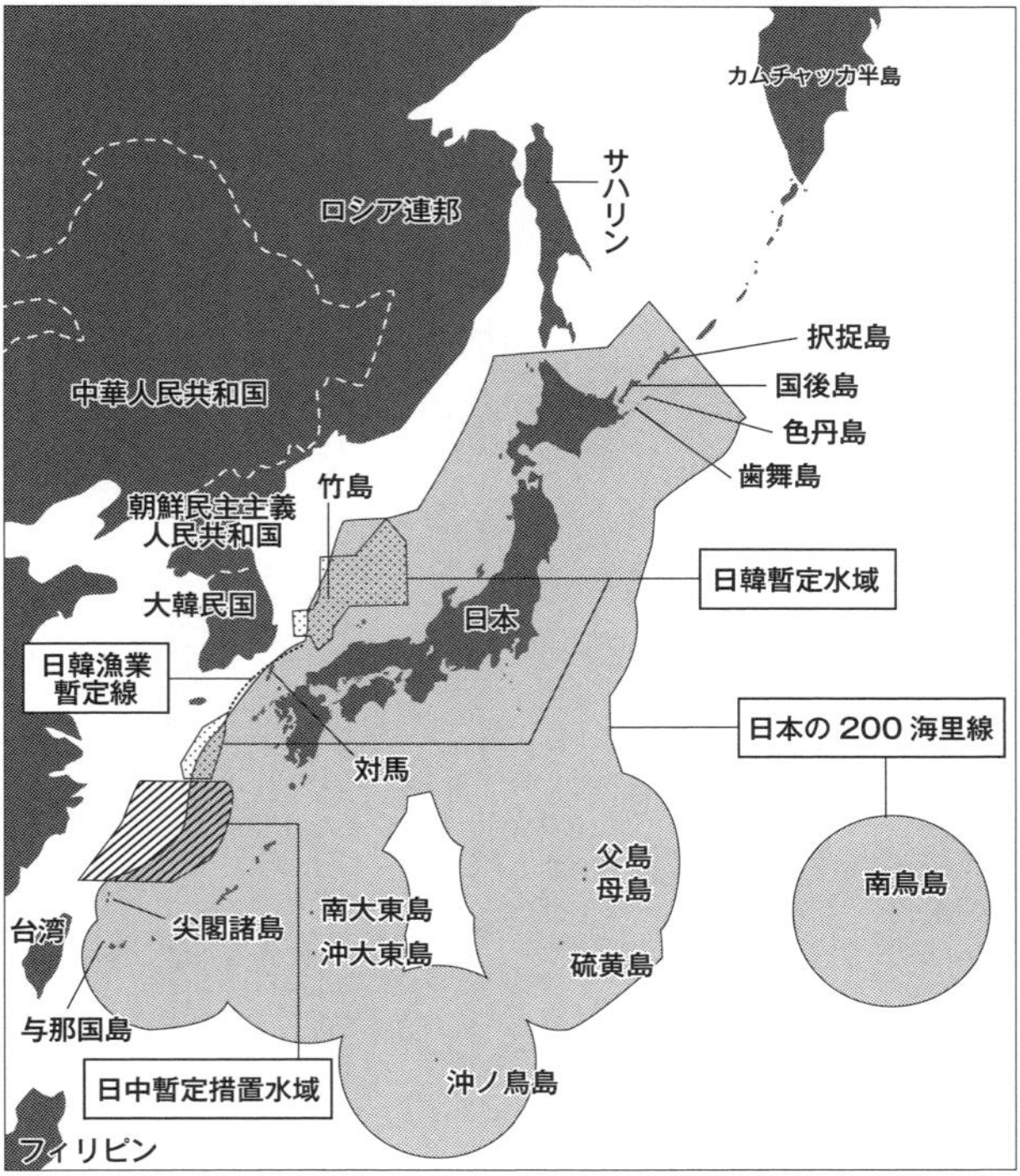

JF全漁連ホームページなどより作成

EEZを得ることになりました。そこには三陸沖をはじめとする世界屈指の好漁場が存在するのですから、日本にとって悪い話ではありません。

また、200海里が設定されたタイミングも絶妙でした。日本経済が成長するに従って、日本漁船のコストが高騰し、後発の韓国、台湾、中国に追い上げられていました。80年代には、コストの安い中国船が進出してきて、東シナ海から日本船の撤退が相次ぎます。その当時から、先進国の仲間入りをした日本が、コストが低い途上国から追われる立場になるのは時間の問題でした。終始、反対のための反対しかしていなかったにもかかわらず、日本に有利な合意内容になったことは幸運というほかありません。

つくり育てる漁業に活路

海外の200海里ばかりでなく、公海での漁業規制も強化され、日本漁業は自国の200海里の漁場を大事に使う以外に選択肢はなくなりました。

膨張戦略が行き詰まった日本の漁業を牽引《けんいん》する切り札として期待されたのが、「つくり育てる漁業」で、養殖や種苗《しゅびょう》放流などを通じて、人間の手によって海の生産性を高めよという試みです。

養殖については、エサとなるマイワシが安価で豊富に供給されたこともあり、90年前後までは右肩上がりで成長しました。しかし、90年代の中頃にはマイワシが減少するのにともない、養殖の生産量も伸び悩み現在に至っているのは第1章で述べたとおりです。

稚魚を撒いて資源を増やす

「つくり育てる漁業」のなかで養殖と並ぶもうひとつの大黒柱が種苗放流です。人工的に生産した種苗（魚や貝の子ども）を、海に撒《ま》くことで資源を増やそうという考えです。

２００海里体制への移行が明確になった１９７０年代中頃から、全国に栽培漁業センターを設置して、国を挙げて種苗放流に取り組みました。

種苗の生産技術は多くの魚種で開発されましたが、特にヒラメは大量生産技術の確立に成功し、魚類のなかでは放流される種苗の数が最も多く、種苗全体の３割程度のシェアを安定して維持しています。

１９９０年代までは、公的資金をつぎ込んで種苗の増産に努めたために、ヒラメの放流

ヒラメの漁獲量と放流尾数の関係

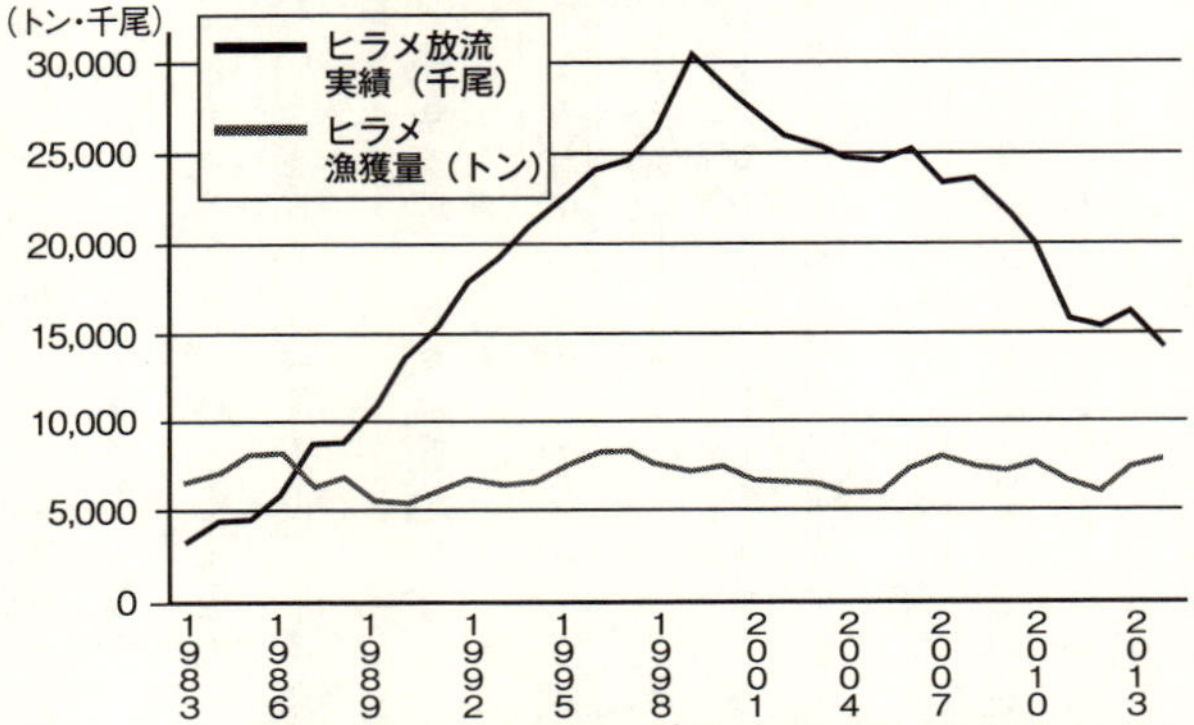

全国豊かな海づくり推進協会「栽培漁業主要対象種の種苗生産、放流実績」
および農林水産省『漁業・養殖業生産統計年報』より作成

実績は右肩上がりで増加しました。しかし、その後、予算の削減により2000(平成12)年から放流尾数が減少に転じています。適正な放流尾数という概念はなく、予算の金額によって、放流尾数が規定されているのが現実です。

肝心なのは、ヒラメの漁獲量が種苗放流によってどの程度増えたかということです。上のグラフはヒラメの漁獲量と放流尾数の関係です。このグラフから、放流尾数を増やしても漁獲量は増えなかったし、放流尾数を減らしても漁獲量は減っていないことがわかります。

実は、天然のヒラメと種苗放流されたヒラ

メとでは、大人になってから見分けることができます。天然の個体は表（目がある方）が黒で、裏は真っ白なのが通常ですが、人工環境で育てられた稚魚は、裏にも黒い色素が混じる個体がほとんどです。そこで、ひっくり返して黒い点があるかどうかを確認すると、漁獲された個体が天然由来なのか、それとも種苗放流由来なのかを判別できるのです。独立行政法人北海道立総合研究機構が発行する『北水試だより』（77号、2009年）の「ヒラメのさいばい漁業の可能性をさぐる」という論文によると、放流魚の回収率は「放流海域や放流年級で2〜9％と幅があるが、多くは2〜3％程度」であり、種苗の単価が80円、漁獲されたヒラメの平均単価が700円とされています。

ピークの1999年には約3000万尾のヒラメの放流があったので、仮に回収率を3％と仮定すれば、そのうちの90万尾が漁獲され、6億3000万円の売り上げとなります。3000万尾を放流するのに24億円の経費がかかっているので、4分の1しか回収できていない計算になります。

また、人工の稚魚を大量に自然界に放流することは、遺伝的多様度の減少や天然資源の圧迫、病気の蔓延《まんえん》など様々なリスクを抱えていますから、経済的に非合理なばかりでなく、生態系に攪乱《かくらん》を引き起こしている可能性すらあります。

種苗放流が盛んなのは日本ぐらいです。それどころか、天然界に人工的な魚を放流することを規制している国もあります。たとえば、ノルウェーでは人工のサーモンを野生に放つことは禁じられており、養殖サーモンが生け簀《いす》の外に逃げ出した場合、養殖場の営業停止も含む厳しい罰則規定があります。

種苗放流と漁獲規制、魚が増えたのはどっち？

ヒラメは日本周辺海域を4つに区切って資源評価を行なっていますが、第1章で紹介したように震災によって漁獲圧が減少した太平洋北部のみが急激な増加を示しています。30年間、採算度外視で種苗を撒いても増えなかったヒラメが、たった3年で4倍に増えたのです。

しかも、この時期は三陸の種苗センターが被災したために、岩手県、宮城県、福島県、茨城県の種苗放流が激減していました。種苗放流よりも漁獲規制のほうが、資源の回復に有効であることが示されたといえます。種苗放流をやめて、その分浮いたお金で漁業者に

ヒラメの漁場別資源量

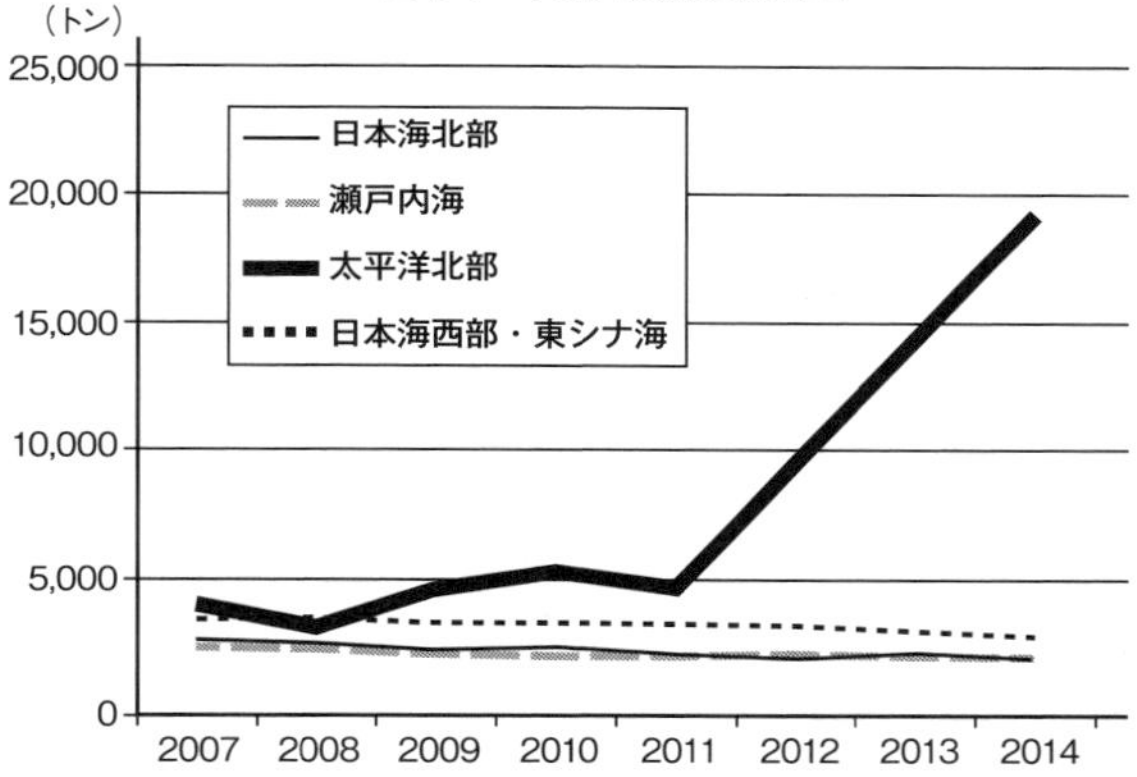

水産研究・教育機構　ヒラメ 平成27年度資源評価票より作成

補償をし、漁獲圧を下げることで資源を回復させるほうが、経済的にも環境的にも合理的なのです。

ヒラメはある意味では壮大な実験をしたといえます。その結果を将来の施策に生かして、漁業政策を改善していくべきです。「何尾、海に放流しました」といって満足するのではなく、種苗放流の効果が投資に見合うものだったか検証をする必要があります。その上で、種苗放流する魚種について取捨選択が必要です。すべての種苗放流が採算割れしているわけではなく、サケやホタテなど黒字化に成功して、事業として成り立っているものもあるからです。

事業化できたものについては、環境の影響についてきちんと研究を進めていく必要があります。事業化できていない魚種については、基礎研究を推進して、黒字化のめどが立ってから大規模化すべきでしょう。

水面下で進む漁業の衰退

1980年代になると、海外漁場から日本漁船の排除が続き、遠洋漁業は衰退の一途を辿《たど》ります。利用可能な新漁場はなく、自国周辺に有望な未利用資源などもありません。頼みの綱の「つくり育てる漁業」も、思ったような成果を出すことができないでいました。日本の漁業が八方ふさがりの状況であるにもかかわらず、問題はほとんど顕在化しなかったため、これまでのやり方を何ら変えることなく、日本の漁業は衰退を続けています。

そうした状況が温存されてきたのにはいくつかの理由があります。ひとつは、日本国内における水産業の重要性が低下し、国民の関心が薄れたことが挙げられます。70年代から外食が盛んになり、食の欧米化と多様化が訪れ、さらには飽食の時代へと移行していきました。そのなかで国産魚の減少分は水産物の輸入で補うことができたので、消費者レベルでは何の問題も感じることがありませんでした。

もうひとつの理由は、高度経済成長期からバブル期まで国の税収は右肩上がりで、困っている漁業者に潤沢な補助金を配ることができたからです。

水産業界サイドから見ると、マイワシの増加によって、漁獲量は維持できていました。特にバブル期は、高級魚の価格が高騰したために、一部の生産者は大きな利益を上げ、流通業者も潤いました。他の産業と同様に、国全体の経済が成長することで、産業の構造的な問題が覆い隠されていたのです。

しかし、バブルが崩壊して日本経済が失速すると、高齢化や消費の減少など漁業の問題点が顕在化してきます。同じ時期にマイワシも消えてしまいました。

「最近、魚が高くなった」と実感する人は多いのではないでしょうか。戦後の生鮮魚介類と生鮮肉のキロ単価を示したのが次ページのグラフです。魚貝類は戦後からバブル崩壊まで単価が上昇し、その後、下降に転じたのですが、2010年を過ぎたあたりから再び上昇に転じています。そして、最近は肉よりも魚が割高になっています。

戦後しばらくは、日本の食料事情は悪く、食品の絶対量が足りておらず、その後は人口

生鮮魚介と生鮮肉のキロ単価推移

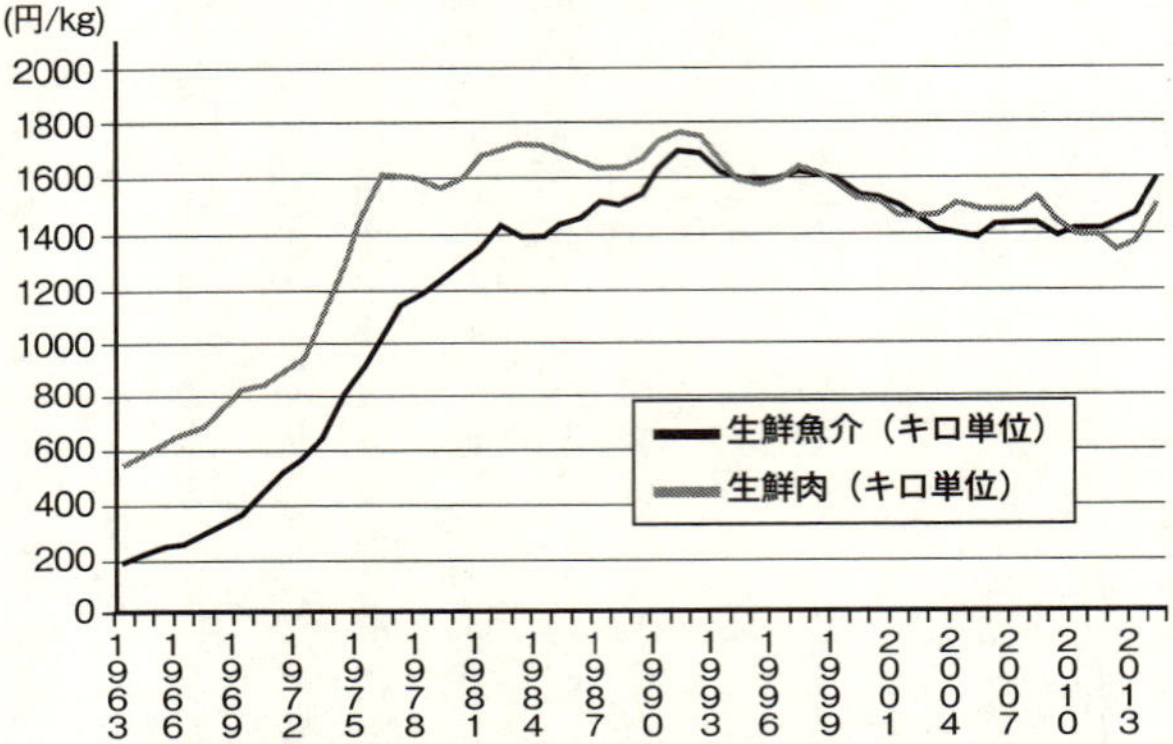

総務省統計局 家計調査「1世帯当たり年間の品目別支出金額、購入数量」より作成

の増加や経済発展による生活水準の向上があり、水産物の需要は伸び続けていました。この間、魚は食肉よりも割安であったために、売る努力をしなくても勝手に売れました。漁業者にしてみれば、売る努力をする暇があったら、一尾でも多く魚を獲ったほうが収入は上昇したのです。

バブルの崩壊以降、魚価が下がり始めます。これは日本の水産業にとって体験したことのない現象でした。魚ばかりでなく、肉も同じように価格が下がっているので、長引く景気低迷によるデフレが原因と見ることができます。この背景にあるのがスーパーマーケットの強い購買力です。

今、週末特売のスーパーのチラシには、「サンマ特売一本100円」のような広告が打たれています。実はこのときスーパーはまだ魚は買っていません。魚を仕入れる前にあらかじめ価格を決めてしまっているのです。そのため、仕入れるときにはスーパーは自社の利益が見込める値段で買い付ける必要があります。大口客のいうことには逆らえないので、卸業者はさらに安い値段で仕入れなければならなくなり、結果、漁師の手取りもそれに応じて低く抑えられていきます。デフレによる食材価格の低下は、生産者にしわ寄せが行く仕組みになっているのです。

そして、2010年を過ぎたあたりから、魚の価格は再び上昇に転じています。これは日本人の購買力が回復したわけではなく、輸入価格や漁獲コストの上昇により、食材の価格が上がったからです。すでに原価ぎりぎりのところまで仕入れ値が低下しており、買い叩《たた》こうにも買い叩けなくなってしまったためと考えられます。

自分で買い物をしている人なら「肉に比べて魚は高い」と実感できると思います。魚は骨など、肉と比べて非食部が多いために、実際にはこの価格差以上の割高感があります。購買力が下がっているところに価格が上がれば、消費量が減るのは自明です。育ち盛りの男児のいる私の家庭でも肉が食卓にのぼる頻度が増えています。魚は高嶺の花になりつつあるのです。

「獲れない＋売れない→儲からない」の連鎖

以上のような状況があることから、どこに行っても、「獲れない」「高く売れない」という景気の悪い話ばかりが聞こえてきます。では、漁業はどれぐらい儲からないのでしょうか。

漁業の経営状況については、農林水産省が毎年発表している「漁業経営調査報告」という統計があります。２０１４（平成26）年の統計だと、個人経営の海面漁業（河川ではなく海で営む漁業）は、年間の漁労所得が２２５万円となっています。すでに年金を受給している高齢の漁師のお小遣いだったら悪くないのですが、一家の柱として家族を養っていくことを想像してみてください。相当、厳しい金額と言わざるを得ません。

個人経営漁業では、家族総出が前提になっており、平均3・27人の家族が労働しています。この無償の家族労働に対して、その地域の平均的な労働賃金を支払った場合の「漁業純収益」は93万円の赤字でした。つまり、漁業を廃業して、家族が同じ時間、外で働いたほうが93万円も収入を増やすことができるのです。

養殖についてもブリ、マダイ、ホタテ、ワカメは漁業純収益が赤字になっています。黒字なのは牡蠣《かき》と海苔《のり》ぐらいですが、経営が楽なわけではありません。私の知り合いの岩手県の牡蠣生産者が、自分の労働時間と手取りから時給を計算したところ、200円に満たなかったといいます。沿岸漁業は個人経営なので、最低賃金が保障されないのです。漁業はやりがいのある素晴らしい仕事であることは間違いないのですが、生産性を上げて、労働に対して適正な対価を得られるようにしないと、漁業に従事する人が減ってしまうのは当然というよりほかありません。

進む漁村の高齢化・限界集落化

収入がこういう状況ですから、過疎化が進んでいる漁村に行くと、若手漁業者が50代、60代というところも少なくありません。高齢漁業者の子どもたちのほとんどは、親の跡を継ぐことなく、別の職業に就いています。多くの漁村が、縮小再生産どころか消滅に向

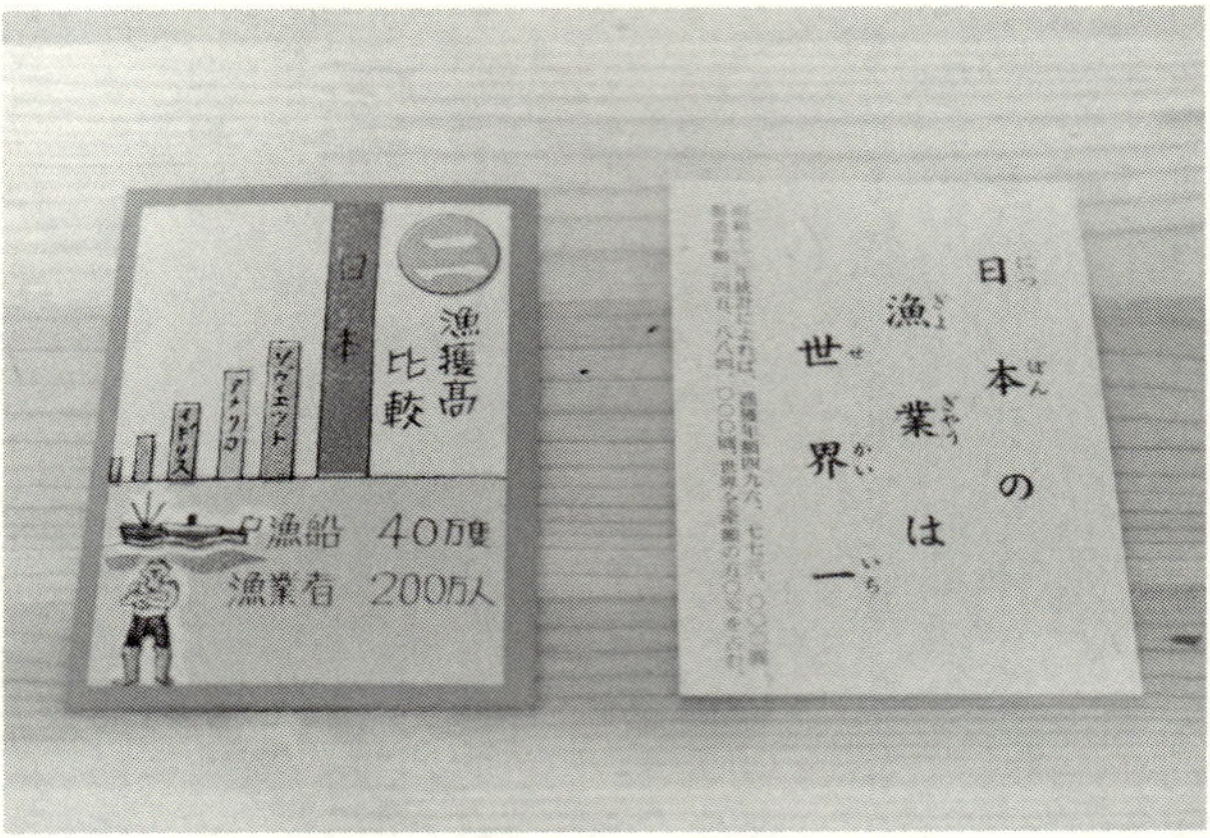

「日本の漁業は世界一」——誇らしげに隆盛を謳う「おさかなカルタ」

かっているのが現実です。

かつては漁業が花形産業だった時代もあります。上の写真は昭和初期につくられた「おさかなカルタ」です。漁船40万隻、漁業者２００万人とあります。読み札の注には「昭和十三年統計によれば、漁獲年額四九六、七七三、〇〇〇圓（４億９６７７万３０００円）、製造年額二四五、八八四、〇〇〇圓（２億４５８８万４０００円）、世界全産額の五〇％を占む」とあります。

２０１５（平成27）年現在の漁業者は16・７万人ですから、当時の10分の１以下です。

しかも、この「16・７万人」には、実際に漁業で生計を立てていない人が大量に含まれています。地方の漁村に行けば、何年も使われていないような朽ち果てた漁船が、漁港に放置されているのをよく目にします。漁業には定年がないかわりに、引退をしても退職金は出ませんし、それどころか船をスクラップにするにも経費がかかります。ほとんど海に出ない高齢者が、そのまま組合員を続けているケースが多く見られ、そうした人たちもカウントしているので、統計上の漁業者の数字より実際に漁業を営んでいる人は大幅に少ないと予想されます。

漁業者はどこまで減るのか？

次ページのグラフは漁業従事者を年齢別に分けた統計です。2013年までが実測値で、それ以降は、現在の新規加入のトレンドを元に私が予測をしたものです。

漁業者を年代別に分けてみると、29歳以下の新規就業者がほぼ途絶えた状態が何十年も続いた結果として、高齢化が進んでいることがわかります。漁船の性能は日進月歩ですから、若者を中心にバランスよく約17万人の漁業者がいるなら、それほど心配する必要はありません。17万人という数字以上に、未来につながらない状態が継続しているということ

漁業従事者の年齢構成推移

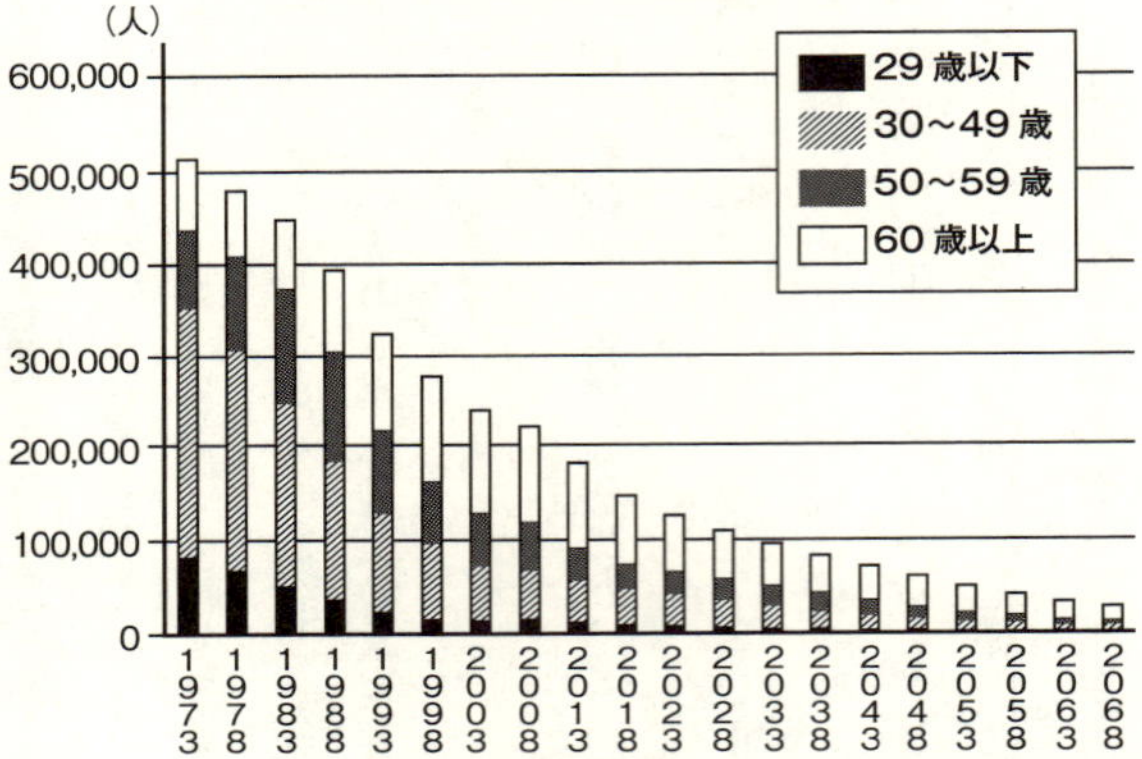

2013年までは「漁業センサス」より作成、それ以降は著者予測

が、日本漁業が直面している危機の本質です。

とはいえ、すべての漁村で過疎・高齢化が進行しているわけではありません。大勢の若者が元気に働いている漁村も少数ながら存在します。そういう漁村には、必ず安定した収入が得られる漁業が存在します。漁村の過疎化を食い止めるには、若者が希望を持って参入できるように、漁業の生産性を改善することが重要です。

「息子に跡を継いでほしいのだけど、これでは継がせられない」と暗澹《あんたん》たる思いを抱えている漁業者も少なくありません。

先日、19歳の若者から手紙をもらいました。底引き網漁船の家の息子として育ったので、高校を出たら漁業を継ぐつもりだったのに、両親から「燃油代は上がり、魚価は安くなる一方。漁業には未来がないから大学に行け」と説得されて、大学に進学したそうです。しかし、漁業への夢を捨てきれず、私の本を読んで、日本の漁業が復活する可能性があるかを訊《たず》ねる内容が書かれていました。

離島などの若者と話をしてみると、この手紙の若者と同じように、地元志向が強いことに驚かされます。離島などでは高校以上の教育機関がないことが多く、高等教育を受けるために地元を離れます。その後、村に帰りたいと思っても仕事がありません。安定した職業といえば、役場職員、小中学校教員、農協職員などとごく限られており、これらの職は、毎年、求人があるわけではないので狭き門なのです。ですから、やむを得ず、本土の都市部で就職せざるを得ません。しかし、もし漁業で地方公務員並みの安定した収入が得られるなら、地元に戻って漁業をしたい若者はいくらでもいるというのが漁業の現場を見て回った私の実感です。こうした若者に誇りある仕事として地元漁業を担ってほしい。そのためにも漁業の生産性の改善が不可欠です。

養殖業の深刻な労働者不足

漁業人口の減少と高齢化は、すでに一部の漁業の存続を厳しくしています。日本の養殖の現場では、繁忙期には村総出で作業をすることが前提です。漁村から人がいなくなると、人海戦術が成り立たず、生産自体が立ち行かなくなります。

たとえば牡蠣の養殖では、殻剝《む》きをする職人が集まらず苦労しています。先日訪問した宮城県のある養殖業者は、「剝き子さんは皆80歳を超えている人ばかりで、あと何年、生産を継続できるかわからない」と心配そうでした。すでに人手不足が生産のボトルネックになっているのです。ワカメの芯取り作業や牡蠣の殻剝き作業などは、1カ月ほどの季節労働なので、それだけでは生活できません。

漁村では人手不足と過疎化が同時に進行しています。労働力は欲しいけれど、安定した生活を保障するだけの生産性がないのです。漁業の存続には、省人化と生産性の向上が求められているのですが、現状では期待薄です。

補助金頼みの漁業経営

苦しい漁業経営者の最後のよりどころは補助金ということになります。燃油代が上がるたびに、日本の漁業者はデモを行い、公的資金による補塡《ほてん》を勝ち取ってきました。2013年（平成25）には、重油価格が80円／リットルを超えた場合は超過分の50％、95円／リットルを超えた場合は超過分の75％が補助金で補塡されることになりました。必要経費の燃油代すら、公的資金に依存せざるを得ない状況です。

農林水産省が所管する「漁業収入安定対策事業」という制度があります。直近5年の収入のうち、最大値と最小値を除く3年の平均値をベースラインとして、その9割以下に下がったときには、その差額が支払われる仕組みです。原資となる積立金の負担は、漁業者が25％、国庫補助金が75％です。儲かった年は自分の利益、儲からなかった年は公的資金で救済されることになります。あくまで、過去の平均を元に損をした年に補塡されるので、赤字漁業の延命が主目的といえます。根本的な問題解決のためには、漁業の経済性を改善して、自立した産業に育てていく必要があります。

第3章

世界の漁業は成長産業

「日本の一人負け」世界銀行レポートの衝撃

日本国内だけを見ていると、漁業には未来がないような気がしますが、世界に目を広げてみると別の光景が見えてきます。世界の多くの場所で、漁業は利益を生む成長産業になっているのです。

成長産業になったからといって、その国の消費者が不当な高値で魚を売りつけられているわけではありません。適正な価格で、新鮮で質の高い魚を食べられるようになっているのです。私たちが理想の漁業を目指すうえで示唆に富んでいます。

2013年に世界銀行が、「2030年までの漁業と養殖業の見通し」についてのレポートを公開しました。この102ページからなるレポートは、2010年から2030年までの世界の主な国と地域の漁業と養殖業の生産・消費・貿易を予測したもので、漁業の未来を考えるうえで参考になります。

左ページのグラフには、国と地域別の生産量の予測があります。これは2010年から2030年の間に、漁業生産が何％変化するかという予測値です。世界全体では23・6％

世界と日本の漁業生産の動向と未来予測

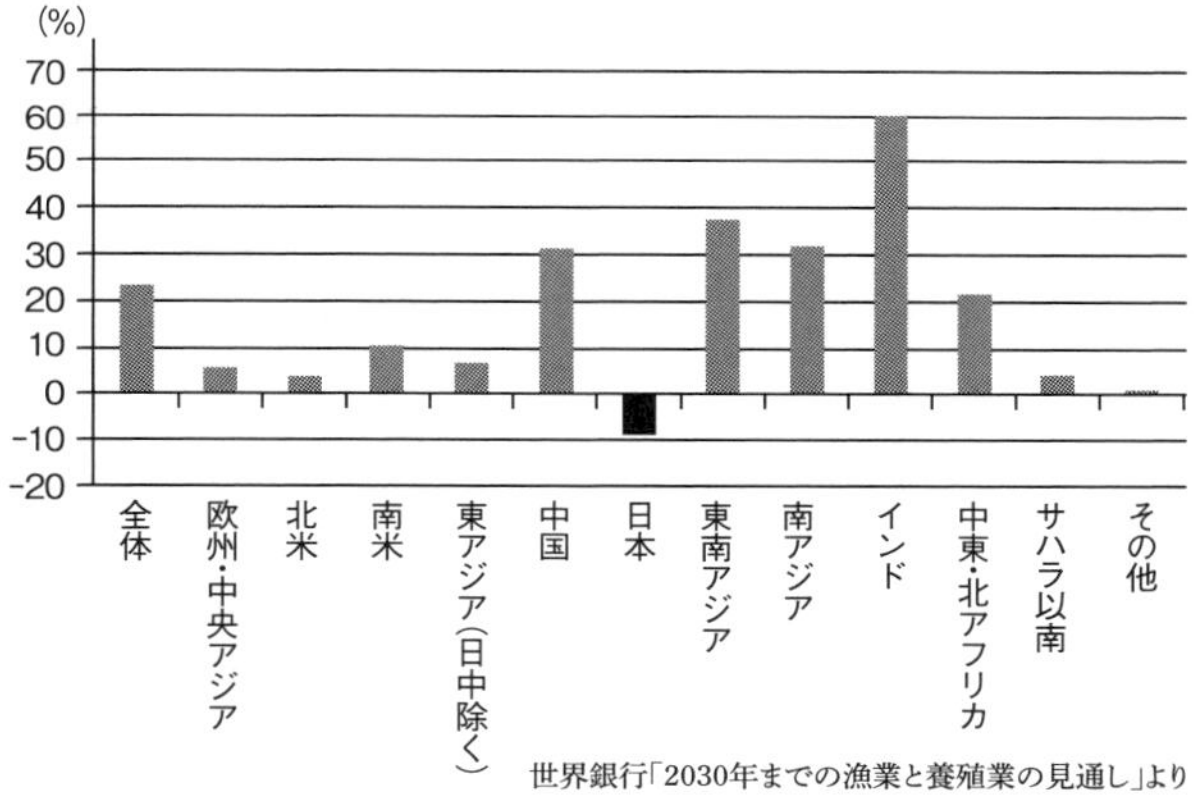

世界銀行「2030年までの漁業と養殖業の見通し」より

の増加で、増加の割合は、国や地域によって異なっています。マイナス成長の国と地域は日本（マイナス９・０％）のみです。このことからも、日本漁業の衰退は、世界のなかでも特異的であるということがわかります。

ＥＥＺ時代の漁業のあり方

海外はどのようにして漁業を成長させているのかを見てみましょう。

先に述べたように、ＥＥＺ（排他的経済水域）が設定される前と後とで、世界の漁業のルールが変わりました。公海自由の時代は、外国船を排除する権利が沿岸国にはなかったので、沿岸３海里の外は獲《と》り放題でした。日

公海自由の時代

獲れるだけ獲って、並べる漁業

↓

EEZ時代

ちゃんと残して、高く売る漁業

本漁業は早獲り競争のチャンピオンであり、公海自由の時代の王者として君臨していたのです。

しかし、ＥＥＺ時代になると、限られた自国の水域で、これまでどおりの場当たり的に獲り尽くす漁業をしていたら行き詰まるのは目に見えています。自国の漁船を管理し、乱獲を回避して、持続的に資源を利用することが求められる時代になったのです。

自国のＥＥＺから持続的に利益を出すには、漁獲規制を徹底して、十分な親魚を残す必要があります。そうすると、水揚げできる漁獲量は自《おの》ずと限られるので、漁業生産を維持するには、できるだけ価値が高い魚を獲る必要があります。

ＥＥＺが導入されたことにより、「他国の資源を収奪する漁業」から、「自国の資源をちゃんと残して高く売る漁業」への転換が求められるようになりました。そのような漁業を実現するためにはどのような政策を取るべきかは、すでに明らかになっています。

入口規制と出口規制

水産資源を管理する手法には、大きく2つのアプローチがあります。

①入口規制：漁船の大きさ、数、出漁日数、漁具などを制限する

②出口規制：水揚げできる漁獲量に上限（漁獲枠）を設定する

①の入口規制とは、漁場に入る漁獲努力量（漁獲のために投入される資本や労働の量。漁船の隻数、漁具数、操業回数等で表わされる）に対する規制です。資源に対する適正な漁獲規模にとどめるために、船の数や大きさ、漁具などを規制します。

②の出口規制は、漁場から持ち帰る魚の量に上限を設定します。

それぞれに長所と短所があり、多くの場合、両者が併用されます。

入口規制単独では、魚を獲る量を規制するのは至難の業です。漁具・漁法は常に進化しますし、漁業者は規制のもとで、できるだけ多くの魚が捕れるように工夫をするので、当初想定したよりも多くの魚が獲れてしまうのです。

実際に漁業者と話していると「あの規制は、実際は意味がないよ」といわれることがあ

ります。たとえば、小さい魚を逃がすために、底引き網の網目を大きくするような規制がどこの国にもあるのですが、船の速度を上げると網が横に広がって、網目が潰れて小さい魚も獲れてしまうのです。船の上で誰かが監視をしていなければ、抜け道はいくらでもあるわけです。

また、大型船と小型船、釣り漁具と網漁具では漁獲効率がそもそも違うので、漁船の規模や漁法の種類が多岐にわたる場合には、一律の規制をしても漁獲量を管理することは難しいという面もあります。また、漁船の数を増やしたり減らしたりするのは容易ではないので、短期的な資源変動に対応することは困難です。

だからといって入口規制が不要なわけではありません。資源に対して過剰な漁獲努力量が存在すれば、漁獲規制がとても難しくなります。単独では機能しないとしても、入口規制によって、漁業の規模を適正水準に保つことには大きな意味があるのです。

水産資源を確実に残すには、漁獲量の上限となる漁獲枠を設定する出口規制のほうが効果的です。出口規制では、全体の漁獲枠上限（TAC／Total Allowable Catch）を設定します。出口規制は、TACを早い者勝ちで奪い合うダービー方式（オリンピック方式）と、TAC

をあらかじめ個々の漁業者に配分しておく個別漁獲枠方式（ＩＱ方式）が存在します。１００トンの漁獲枠を10人の漁業者で利用する場合を考えてみましょう。１００トンを10人が早い者勝ちで奪い合い、１００トンに達したら漁ができなくなるのがダービー方式です。この場合、30トン獲ることができる漁師もいれば、５トンしか獲れない漁師も出てきます。対して、１人10トンずつあらかじめ配分しておくのが個別漁獲枠方式です。

ダービー方式では、ライバルよりも多く魚を獲れば、それだけ多くの漁獲枠を使うことができます。漁獲量がＴＡＣ（漁獲枠上限）に達するまでの間に、より多くの魚を獲るために、みんなが全力で操業をします。いち早く漁場に着くために船のエンジンを強化し、より多く獲るために網を大きくします。競争の結果として操業コストが増加して、利益はどんどん小さくなります。魚が減れば漁獲枠も小さくなるので、漁業者間の早獲り競争が激化します。

さらにこの方式では、時間に追われて十分な事後処理ができないために、水産物の質が落ちてしまう傾向があります。また、水揚げが解禁後の短期間に集中するので、値崩れを起こしがちです。ダービー方式には、早獲り競争を激化させて、漁業の経済性を失わせてしまうという副作用があるのです。

個別漁獲枠方式は、漁業者間の早獲り競争を抑制することで、ダービー方式の問題を回避できます。個別枠によって個人の漁獲枠が確保されているので、ライバルよりも先に魚を獲る必要がありません。慌てて獲ったところで、自分の漁期が早く終わるだけ。他の漁業者の動向を気にせずに、好きなタイミングで魚を獲ることができます。限られた漁獲枠から、より多くの収入を得るために、大きさや漁期を見極めて高く売れる状態の魚を狙って獲り、単価を上げるための事後処理も徹底します。個別漁獲枠方式は、ちゃんと魚を残したうえで高く売るという、EEZ時代に適した漁獲規制なのです。

1980年代に、ニュージーランド、アイスランド、ノルウェーが、それぞれ独自に個別漁獲枠方式を導入しました。これによって漁業を成長産業に変えたのです。これらの漁業国の成功に触発されて、世界各国はすでに個別漁獲枠方式に移行しています。自由競争が大好きな米国ですら、最近はこの方式に移行しつつあり、漁業の成長産業化に成功しています。韓国も、個別漁獲枠方式をすでに導入しており、OECD（経済協力開発機構）に加盟している主要な漁業国のなかで導入していないのは日本ぐらいです。

国名	主要魚種に対する漁獲枠管理方式		
	個別割当方式（IQ ／ ITQ）	早い者勝ち方式	漁獲枠なし
アイスランド	○		
ノルウェー	○		
デンマーク	○		
ニュージーランド	○		
オーストラリア	○		
米国	○	○	
韓国	○		○
日本		○	○

各国の漁業政策をもとに著者作成

長期的な視点から、資源の生産性に釣り合った漁獲規模になるように入口規制を行ないつつ、短期的な資源変動に対応するために、出口規制として個別割当の漁獲枠を設定するのが世界のスタンダードです。

漁獲規制に成功したノルウェー

改革によって漁業が好転していった例を、具体的なケースで見ていきましょう。

日本にとって、参考になるのがノルウェーです。ノルウェー産のサバは、スーパーでもよく見かけますが、獲れなくなった国産サバの代替品としてすっかり定着し、味もおいしいと評判です。

ノルウェーのＥＥＺの面積は日本の約半分なのですが、近海には暖流が流れており、豊富な水産資源と不凍港が存在することから、歴史的にも漁業が盛んな国です。ノルウェーの国としての生産性は高く、２０１２年の１人当たりＧＤＰはルクセンブルク、カタールに次ぐ世界第３位でした。その経済を牽引《けんいん》しているのが漁業なのです。

人口が少ないこの国では、水産物のほとんどが輸出されます。輸出金額の増加からも、ノルウェー漁業の成長を見て取ることができます。ノルウェーで最も成長している産業は水産業であり、２００４年から２０１２年までのＧＤＰの増加分の42・５％は、水産業によるものでした。生産金額は、漁業も養殖業もほぼ同じ割合で増加しており、２００４年から２０１２年までの間に、水産業の雇用が10％増えてもいます。まさに飛ぶ鳥を落とす勢いのノルウェー漁業ですが、これまでの歩みは順風満帆だったわけではありません。

１９６０年に海底油田が発見されたことにより、国家財政が潤ったノルウェー政府は、生活が苦しかった漁業者に潤沢な補助金を与えました。補助金によってもたらされた漁獲能力の向上が乱獲につながり、いくつかの重要資源の減少が１９７０年代には顕著になったのです。現在の日本と同じような状況からのスタートでした。

ノルウェー水産物輸出金額

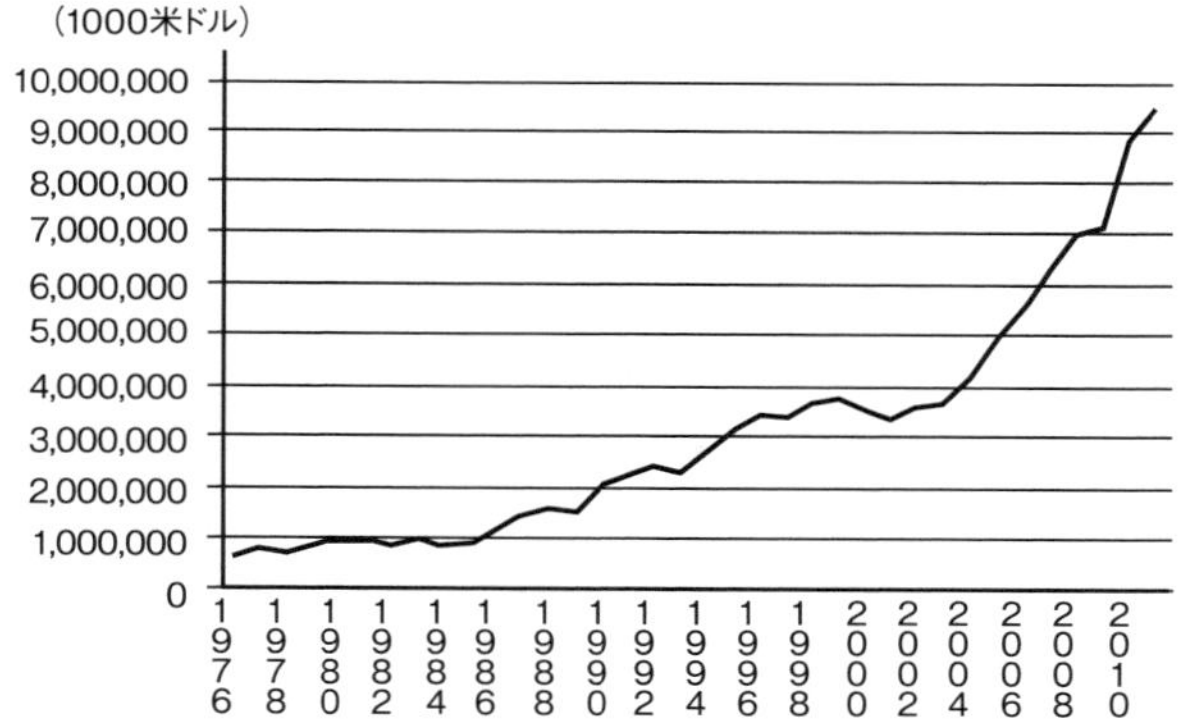

FAO「FISHSTAT」より作成

ノルウェーが漁業政策を転換するきっかけとなったのは、北海のニシンの激減です。１９６５年には１２０万トンもの水揚げがあったのが、過剰な漁獲圧によって、１９６０年代後半から坂道を転がり落ちるように漁獲量が減少しました（次ページグラフ参照）。

そこで政府は、１９７０年代後半に、禁漁に近い緊急措置を取りました。漁業も水産加工業も大混乱したのはいうまでもありませんが、これによって崩壊の瀬戸際にあった資源を生き残らせることができました。禁漁の効果は徐々に現われて、１９８０年代には資源は目に見えて回復したのです。それに合わせて、漁獲量を徐々に増やしていきました。た

ノルウェーのニシン漁獲量

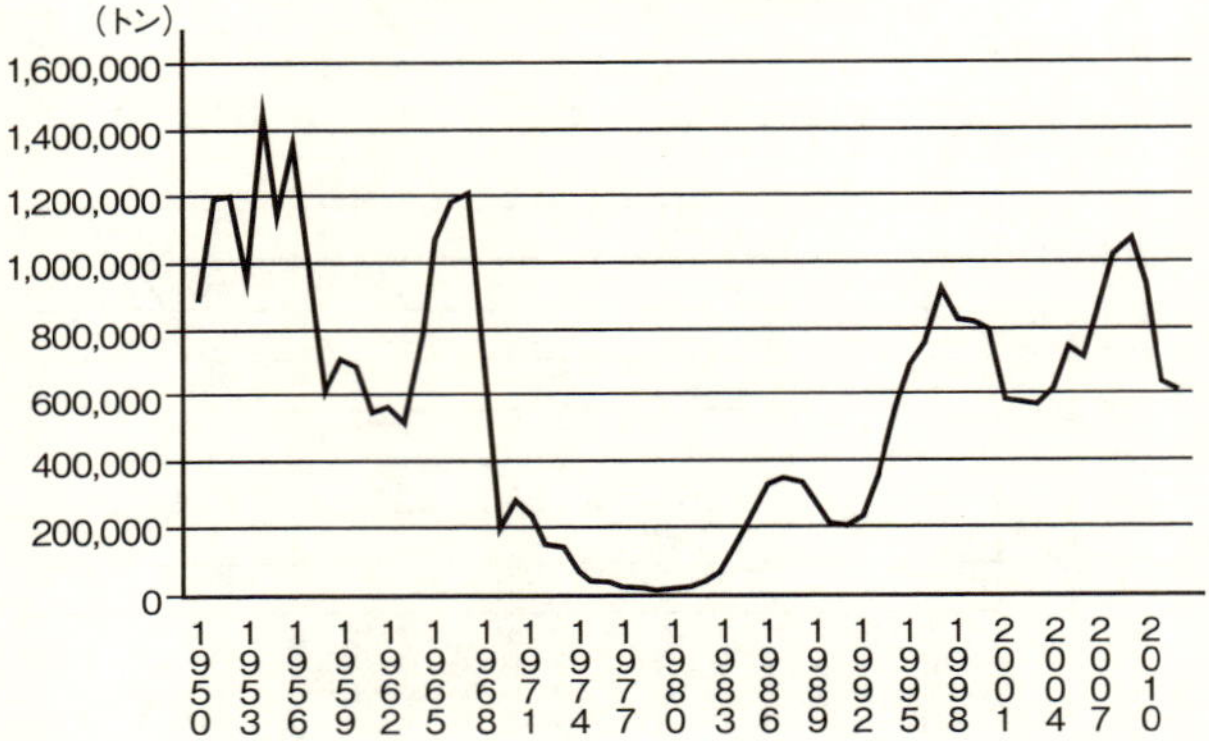

FAO「FISHSTAT」より作成

だし、資源は以前の水準に戻っても、漁獲率は低く抑えられたままです。資源の持続性を維持できるように、厳しい漁獲規制を続けているのです。

実は、ノルウェーがニシンの漁獲規制を行なうときに、日本が反面教師になったそうです。第１章で述べたように、かつて北海道では、春になるとニシンの大群が産卵のために押し寄せてきていました。ところが、北海道では１９５０年代から資源が激減していき、漁獲規制がないまま獲り続けたところ資源がほぼ消滅し、漁業が成り立たなくなってしまったのです。ノルウェー当局は、漁獲規制をするに当たって、「このまま獲り続けたら、日本のニシンのようになるぞ」と漁師たちを説得したそうです。
そうしてノルウェー政府が示した漁業政策は以下の3点に集約できます。
①個別漁獲枠方式を導入し、質で勝負する漁業への転換を促す
②過剰な漁業者の退出・世代交代を促進するSQS制度の導入
③補助金を減らして、水産業の自立を促す
以下、それぞれの政策を詳しく見ていきましょう。

個別漁獲枠方式の導入——政策①

まず①の「個別漁獲枠方式を導入し、質で勝負する漁業への転換を促す」です。漁獲枠を各漁船に配分することで早獲り競争を抑制しました。

ノルウェーでは、漁獲規制を導入した結果、1980年代後半に漁獲量が大きく落ち込みました。しかし、浮魚（ニシン、サバなど）・底魚（タラなど）ともに、1985年から20年間に資源量は2・5倍に回復したことから、漁獲量も持ち直し、その後は高い水準で推移しています。

こうした規制のもと、水揚げ量を増やすことよりも、生産金額を増やすことに重点が置かれるようになっていきました。世界中で魚の需要が高まり、魚価が上昇しているので、漁獲量が横ばいでも収益は増えるのです。豊富な資源から、需要があるサイズを安定的に供給できるので、日本のように獲れるものを場当たり的に獲ってくる漁業よりも、価格の面で圧倒的に有利です。「漁獲量を安定させ、単価を上げる」というのが、ノルウェー漁業の基本戦略です。EEZ時代に対応できる合理的な政策といえるでしょう。

カペリン（カラフトシシャモ）の卵の生き残りが悪く、資源が減少したときにも、ノルウェー政府はすぐに漁獲にブレーキをかけて資源を回復させました。たとえ、減少要因が漁業ではなくても、資源が減少したときには、素早く漁獲規制をして、資源の早期回復を目指すべきです。資源を減らしすぎると、産卵に十分な親魚が集まらず、資源の回復に多大な時間を要するからです。たとえば、カナダのニューファンドランドのタラは乱獲で資源を減らしすぎたために、20年以上禁漁を続けても、未だに資源が回復していません。同様の事例は世界中で観察されています。魚が獲れなくなってからでは手遅れなので、まだ魚が獲れるうちに規制に踏み出す決断力が必要です。

ノルウェーの漁業制度

ノルウェーが海で獲る魚の約90％はＥＵやロシアとの共有魚種です。そのため、自国で独自の漁獲枠を設定することはできません。国際海洋探査委員会（ＩＣＥＳ）が勧告する持続可能な漁獲可能量（ＴＡＣ）に従い、ＥＵ、ロシアとの国際交渉によって、各水域、魚種等ごとに当該国への割当が定められています。ヨーロッパでは国のレベルでも早い者勝ちではなく、漁獲割当が基本になっているのです。

そうして自国に割り当てられた漁獲量を、ノルウェー国内でさらに漁船ごとに配分します。現在では水揚げ高の約95％が割当制度の下による漁獲であり、主要な漁業対象種はすべて網羅されています。

個別漁獲枠方式による出口規制と並行して、様々なきめ細かい入口規制も行なわれています。漁法や漁船の大きさごとにライセンスの規制があり、漁船の登録義務があります。また、漁船所有の権利を得るためには、過去5年間のうち3年以上漁業に従事した履歴が必要となります。さらに操業水域・期間等の規制、網目サイズ、長さ等漁具の規制、漁船の魚倉容積規制など細かい規制があります。加えて、全長24メートル以上のすべての大型漁船は対衛星追跡装置の搭載義務があり、航海及び操業が監視・記録され、インターネット上で公開されます。

違反操業等の取り締まりは、沿岸警備隊、漁業庁の漁業取締船が行なっており、漁獲量オーバー、虚偽の申告等の違反があった場合には野生海洋資源管理法（2008年）に基づき罰金または懲役刑が定められています。故意の不正には厳しい罰則が適用されるのですが、故意ではない漁獲枠超過（たとえば、その年の最後の操業で魚が多く捕れて、漁獲枠を多少上回ってしまったようなケース）では、超過分の販売料金を国が全額没収するのみで特にペナルティーを科さないなど、現実的な法令になっています。

世代交代を促進するSQS制度——政策②

次に②の「過剰な漁業者の退出・世代交代を促進するSQS制度の導入」についてです。

過剰な漁船を減らすための政策としては、一般的には公的資金による漁船の買い上げが行なわれます。しかし、これは多額の公的資金が必要になるうえに、思ったような成果が上がりません。「獲れるだけ獲って、魚がいなくなれば、国に船を買ってもらって撤退すればよい」という安易な発想で、非持続的な投資を促進してしまう可能性すらあります。

そこで非生産的な経営体の退出を促し、適正規模まで漁獲能力を減らすために導入されたのがＳＱＳ（structural quota system）という独自の制度でした。ノルウェーでは、船に割り当てられた漁獲枠を他の漁業者に譲渡・売買することは原則的に禁止されています。例外として、船をスクラップにする場合に限り、他の船にその船の漁獲枠を移すことを認めたのがＳＱＳ制度です。

利益が出ない漁業者は、船をスクラップにして、所有する漁獲枠を他の漁業者に売却することで、退職金代わりのまとまったお金を手にすることができます。漁獲枠を買い取った漁業者は、より多くの漁獲枠を手にすることになります。去る者にも、残る者にもメリットがある制度といえるでしょう。この制度が功を奏して、公的資金を投入することなく、漁船と漁業者を適正水準まで減らすことに成功しました。

現在は、ＳＱＳを利用した漁船のシェアが進んでいます。これまで別々の船で操業していた２つの漁業者のグループが、１隻の漁船をスクラップにして、ひとつの漁船に漁獲枠をまとめて、漁船を交代で利用するようになったのです。ノルウェーでは豊富な水産資源に対して、控えめな漁獲枠が設定されているので、交代で漁に出ても漁獲枠はあっという間に埋まります。漁船を2つの漁業者グループでシェアすることで、漁業支出の大半を占める漁船の固定費が半分になるので、漁業経営にとって大きなプラスになります。

補助金削減と水産業の自立――政策③

最後に③の「補助金を減らして、水産業の自立を促す」です。

私はこれまでノルウェーで、様々な立場の人と漁業について意見交換をしてきました。日本との大きな違いのひとつは、行政官ばかりか、漁協職員や漁業者までが、「漁業には補助金などないほうがよい」と口をそろえていうことです。潤沢な補助金を投入していた時代には、非生産的な漁業が拡大し、結果として資源の枯渇を招き、漁業が衰退してしまいました。「不適切な補助金は必要な変化を遅らせて、方向転換を難しくするから」というのが、漁業関係者の実感のようです。

漁業補助金は、漁業者を目先の困難から救う代わりに、必要な変化を妨げて漁業の生産性をじわじわと奪っていきます。ひとたび補助金に依存し出すと、それなしではやっていけなくなる。まさに、麻薬のようなものです。ノルウェー漁業も70年代の補助金依存体質からの脱却には15年という月日を要しました。

ノルウェーが漁業改革を始めた当初の1980年代には、多額の補助金が水産業に投入されました。この補助金は、非持続的な漁業を維持するためのものではなく、漁業を持続的な産業に転換するためのものです。ノルウェー政府は、これと並行して、海底油田の海上作業員など様々な職に転職できるように職業訓練を行ないました。

これらの施策で1980年には、約200億円もの補助金が投入されましたが、構造改革が完了すると徐々に打ち切られ、現在の補助金はほとんどゼロになっています。漁師が魚を獲って経済的に自立していけるノルウェーでは、補助金は不要なのです。

ノルウェー漁業の民主的な意思決定

こうしたノルウェーの合理的な漁業制度改革は、民主的な意思決定によるものでもありました。漁業者には、科学者の勧告を無視して乱獲をすることは許されていませんが、与えられた漁獲枠の範囲でどのような操業をするかは、かなりの部分が漁業者の裁量に任されています。年に1回、漁業省が主催して漁業者代表の集会が開かれます。この会議で、翌年の漁獲規制が決定されます。集会では、科学者のアドバイスのもとで、漁業関係者（代表）が話し合いを行ないます。それを行政と環境NGOが傍聴します。

ノルウェーでは、日本よりもきめ細かな漁具・漁法の規制が行なわれているのですが、漁具・漁法の規制についても決定権は漁業者にあります。漁業者があらかじめ提出した素案の管理効果を科学者が評価し、レポートを作成します。そのレポートを参考にして漁業者同士が話し合い、規制を導入するかどうかを決定するそうです。操業規制の決定についても、政府は基本的に介入しません。漁業者自らが決めたルールが守られているかを監視し、違反を取り締まるのが国の役割です。

伝統的な小規模漁業者のなかでも、船の規模や漁具によって、さらに細かく漁獲枠を配分します。それらの配分は、すべて漁業者の話し合いで決まります。行政の役割は、ここで決定された配分を遵守するように法的な手続きを行ない、監視・取り締まりをすることです。

日本では漁業者同士の話し合いで漁獲枠の配分が決定できるなど信じがたいことです。すべての漁業者がより多くの漁獲枠を要求して、紛糾するのは容易に想像ができます。ノルウェーではなぜ合意ができるのか、そのプロセスについて調査をしてみました。

最初からスムーズに漁獲枠の配分が合意できたわけではありません。いくつかの漁業では、漁業者グループ間の対立によって、漁獲枠の配分が決まらなかったそうです。しかし、その後のノルウェー政府の対応が立派でした。漁業者間で合意できるまで、漁獲枠を配分せずに放置しておいたのです。政府の行政官は、「漁業者は、自分のことは自分で決定することができる。漁獲枠を配分せずに2年待ったら、お互いに納得の上で漁獲枠の配分をすることができたよ」と漁業者を高く信頼しています。

漁業者自らがルールを決定するから、理不尽なルールや無駄なルールは通りません。科学者が助言を与えることで、政策に合理性を持たせてもいます。そして、行政が漁業者を信頼し、決定を尊重し、取り締まりをしっかりするから、漁業者は皆ルールを守っていくことができます。こうして、漁業者は納得をし、安心して規制を守ることができるのです。

合意形成のプロセスすべてが、環境ＮＧＯを含む外部に公開されていることも重要です。

環境NGOは、漁業が国益に適《かな》う持続的なやり方で管理されているかを監視しています。ノルウェーの漁業組合の人間によると、「外部の目は業界にとってはプレッシャーだが、漁業の健全化に不可欠」とのことでした。自分たちに耳の痛い提言をしている人こそ、自分たちのことを本当に考えてくれている人たちなのだという信頼関係がそこにはあります。

ノルウェーサバはなぜ脂がのっているのか

日本とノルウェーの漁業の違いを考える上で格好の題材となるのがサバ漁業です。脂が適度にのったサバは焼いてもおいしく、サバの塩焼き定食はランチタイムの定番メニューですね。他にもサバの味噌煮《みそに》やバッテラなど、サバは日本人にとってなじみの深い魚です。かつては日本にも豊富なサバ資源がありました。しかし、乱獲によって1980年代に減少し、90年代以降、極めて低い水準で推移しています。これで困ってしまったのがサバの加工業者です。代替となる魚を海外で探し回って見つけたのがノルウェーのサバでした。ノルウェーではもともとサバを食べる文化がなく、1980年代までは養殖魚のエサにするような価値の低い魚でした。ところが90年代になって、日本市場向けのサバ漁業が急成

マサバ太平洋系群の資源量と親魚量

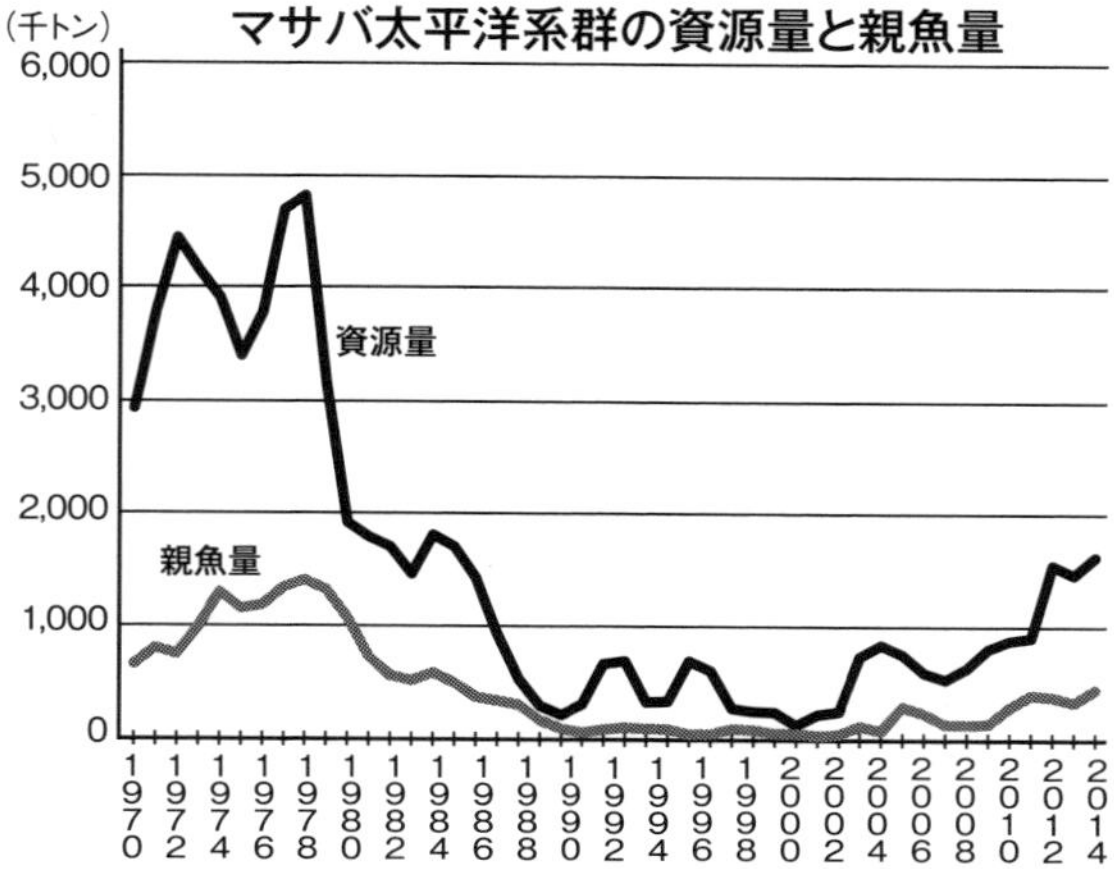

水産研究・教育機構　マサバ太平洋系群 平成27年度資源評価票より作成

長したのです。

「ノルウェーサバ」として、日本人におなじみの大西洋サバは、ヨーロッパを大回游《だいかいゆう》する多国籍資源です。スペイン沖で産まれた稚魚は、英国の北を通って、北のエサ場に回游します。成長するとノルウェー沿岸で産卵群を形成し、秋頃から産卵場へと回游を始めます。ノルウェー沿岸にやって来たばかりのサバは脂が少なすぎて、食用に適していません。その後、徐々に脂がのっていきます。やがて産卵期を迎えると、体の栄養が卵や生殖腺《せん》に移っていき、今度は体の脂が抜けていきます。ノルウェーの漁業者は、日本市場で評価が高い脂ののり具合になるタイミングでサバを獲りに行きます。脂ののったノルウェーサバが安定供給されることで、日本のサバ食文化はなんとか維持することができました。福井県の名物「サバのへしこ」もノルウェー産のサバばかり。もし、ノルウェーサバがなければ、日本のサバ食文化は今よりもずっと廃《すた》れていたでしょう。

実際、味も国産と比べて遜色《そんしょく》がないどころか、ノルウェー産のサバのほうがおいしいという話もよく聞きます。品質が安定しているノルウェーサバの需要は高く、最近は価格が上がっています。資源としてのポテンシャルは、日本のサバも負けていないのですが、早獲り競争が放置されているために、大きくなる前の脂がのっていないサバが漁獲の大半を占めてしまうのです。

ノルウェーのサバ漁船は、日本の巻き網漁船と比較するとサイズが小さい上に、網も大きくありません。なぜなら、ノルウェーの漁業者は、早獲り競争のためにコストをかける必要がないのです。その代わり、魚を傷つけずに水揚げするためのフィッシュポンプ（魚を水とともに吸い上げて移送する装置）や、獲った魚を冷やしておく冷凍設備などが完備されています。限りある資源の価値を高める方向に漁船が進化しているのです。

ノルウェーは個別漁獲枠方式を導入し、質と安定供給で勝負する漁業に転換しました。結果として、魚価がコンスタントに上昇しています。資源の持続性を最優先にして個別漁獲枠方式で資源管理をすることで、質の高い魚を安定供給する。これがノルウェー漁業の生産性の秘密です。

日本では近年、卵の生き残り率が良かったことと、東日本大震災により漁獲圧が一時的に下がったことから、サバの資源量はやや回復しつつあります（109ページのグラフ参照）。といっても、1970年代の資源量と比較すると7割減です。価値がある魚が安定的に漁獲できる、ノルウェーのような枠組みへの移行が期待されます。

競争至上主義の米国でさえ規制に踏み切る

米国の場合はノルウェーとは事情が大きく異なります。漁業者の既得権を大切にするノルウェーに対して、自由競争を国是とする米国は、漁業でも長く「早い者勝ち競争（ダービー方式）」にこだわっていました。

1990年にアラスカのタラに個別漁獲枠方式が導入されたことがあったのですが、既存の漁業者が天然資源の利用を独占することに世論の反発が起こり、1996年に米国政府は個別割当制度のモラトリアム宣言を行ないました。すでに実施中のケースを除いて、個別漁獲枠方式の導入を法律で禁止したのです。世界が個別漁獲枠方式に進んでいくのとは逆に、米国はあくまで「早い者勝ち競争」に固執していました。その結果として、米国の漁業は低迷し、漁業者は苦しむことになったのです。

ダービー方式で水産資源を管理すると、少ない漁獲枠を巡る漁業者同士の早獲り競争が過熱します。その様子は、米国の有料放送番組「ディスカバリーチャンネル」がベーリング海のカニ漁業を題材としたドキュメンタリー番組「ベーリング海の一攫千金《いっかく》（Deadliest Catch）」を放送したことで、世界的に有名になりました。2004年に撮影が始まったこの番組は大ヒットし、計9シーズンが放映される長寿番組になりました。

当時のベーリング海のカニ漁業はダービー方式ですから、「よーいドン」で漁業を開始して、連邦政府が設定した漁獲枠に達した時点で終漁となります。一攫千金を狙って、多くの漁船が漁場に集結し、短い漁期の間は不眠不休で漁を行ないます。政府は、漁船からの漁獲報告を集計し、漁獲量が漁獲枠に達するタイミングで終漁にします。終漁後に、すべての漁船が一斉に港に戻ってくるので、水揚げには順番待ちの列ができ、多大な時間を要します。そのため、終漁になると、漁船は全速力で港に向かいます。港に戻った順番で水揚げができるので、少しでも早く港に戻る必要があるからです。２００４年は、たった５日の漁期に対して、最後の船が水揚げを終えたのは、終漁の７日後でした。漁期よりも水揚げ待ち時間のほうが長いという異常な状態です。

　待ち時間が長いと当然、カニの鮮度は下がります。もし、船倉でカニが死んでしまうと、水質が悪化して周囲のカニまで道連れにします。水揚げされたカニを買い取る加工場は、死んだカニは受け付けないため、長い待ち時間は経済的な損失と隣り合わせです。

「低気圧の墓場」とも呼ばれる冬のベーリング海で、どれだけ海が時化《しけ》ていても、漁期が始まれば船が殺到するので、遭難事故が多発していました。また、加工場にしても、一度に１年分のカニを処理しなくてはならないのだから、短期間しか稼働させないラインを多数設置しておく必要があります。急いで加工をすればそれだけ品質が下がることにもなります。自由競争によって、操業コストや遭難リスクを増やしながら、価値は下がっていくという、漁業者、加工業者、消費者の誰も得をしないことを繰り返していました。

自国の漁業の破綻を食い止めるために、2002年に米国政府は「個別割当制度モラトリアム」を解除して、国を挙げて個別割当制度の導入を推進しました。ベーリング海のカニ漁業にも2005年に個別枠が導入され、結果、劇的に変わったのです。

漁船は自分の漁獲枠をいつでも使えるようになったために、慌てて獲る必要がなくなり、漁期が3カ月に延びました。また、加工場と漁船の連携が進み、漁船は互いに相談をして、水揚げ時期が重ならないようにローテーションで漁に出るようになりました。さらに、港から漁場まで最も燃費のよい速度で航行できるようになったので、燃費が飛躍的に改善されました。時化た時には海に出る船もなくなって海難事故が減り、労働環境も改善されるなど、いいことづくしです。

米国の漁業改革は、国レベルで大きな成功を収めています。ノルウェー同様、漁獲量はほぼ横ばいなのですが、漁獲金額は2002年を境に増加傾向に転じています。商業漁業に関する経済指標を見ると、雇用も収入も順調に増加しています。

こうした米国漁業の成長産業化は、政策の転換によるものです。経済学者のポール・クルーグマン氏は、彼のブログで漁業の改革について取り上げています。「政府の介入が機能する場合」というタイトルの記事で、政府の介入によって、漁業が危機を脱したことを紹介したうえで、「明らかにやるべきことをちゃんとやりさえすれば、人々が予想するより、容易によりよい結果を得ることができる」と指摘しています。この指摘は日本にも当てはまるはずです。

最下位グループから抜け出すために

このように、乱獲を抑制するための政策はすでに確立されて、多くの国で実績を残しています。日本では、厳しい漁業規制は漁業者を苦しめると考える人が多いのですが、そうではありません。日本では漁業規制が不十分なために、魚が減り、結果として漁業者が苦しんでいるのです。

漁業国は大きく3つに分類できます。

まずトップランナーは、ノルウェー、ニュージーランド、アイスランドなど、1980年代に個別漁獲枠方式を導入し、漁業の成長産業化に成功した国々です。漁業の行く末を見て、先手を打って主体的に変化しています。余力があるうちに舵《かじ》を切ったので、社会的な混乱は比較的少ないまま、高い生産性に移行することができました。このグループは自分たちだけで政策を決められる、規模が小さな島国が多いのが特徴です。これらの国では漁業者の反対を押し切って、個別漁獲枠方式をいち早く導入しています。

2番手グループは、米国、EU、チリといった国々です。トップランナーが試行錯誤で方法論を確立した後に追従しています。前例があるので、政策設計は比較的容易です。規模が大きく合意形成に時間がかかる国もトップランナーたちの成功に触発されて、次々と個別漁獲枠方式を導入しています。

3番手グループは、資源管理ができていない国々で、多くは途上国です。資源管理をするには、資源評価をするための科学的な裏付けを行なう力や、トップダウンで漁獲量をコントロールするための国家の統制力が不可欠です。これらの前提条件がないために、資源管理ができずに、過剰漁獲に歯止めをかけることができていないグループです。

日本も残念ながら最下位グループの一員です。他の国々と違うのは、やりたくてもできないのでなく、できるのにやらないところです。すでに構造的に破綻している、「場当たり的に獲って、安売りする漁業」を延命するために努力をしています。必要な変化に反対し、規制がない状態を続けようとしています。破綻した現状を取り繕って問題の先送りをしている間に、すっかり漁業を衰退させてしまいました。

ここまで日本の漁業の現状について苦言ばかり述べてきましたが、そう悲観したものでもありません。私は、日本の漁業はこれからでも十分に巻き返し可能なポテンシャルを秘めていると考えています。それは、「世界6位のEEZの広さ」「世界でも類を見ない好漁場の存在」「魚の価値を最大限に引き出す魚食文化」などです。

次章からは、なぜこうしたポテンシャルが発揮できないのかを検証したうえで、最大限に利点を生かすための改革案を提言してみたいと思います。

第4章

破綻する水産政策

江戸時代から変わらない日本の漁業

日本の漁業が衰退したのは、漁業にまつわるルール、仕組みが時代にそぐわなくなってきたにもかかわらず、必要な修正をしなかったからです。現行の漁業制度がなぜそうなっているのか、そして、どこが機能しなくなったかを整理してみましょう。

そもそも日本の漁業制度は、江戸幕府が１７２４年に「磯猟は地附根附次第なり、沖は入会《いりあい》」と定めたものが起源といわれています。幕府は、漁村集落の間に線を引いて、地元集落に磯の排他的な利用権を与えました。ここでいう磯とは、海岸および和船の櫂《かい》が海底に付くまでの深さの海面をいいます。一方、櫂が届かない沖は、誰でも自由に利用することができました。

浅瀬の海藻や貝などは、漁場の利用を巡って漁村間の紛争が頻発していたので、漁村間に境界線を引いて権利を明確化する必要がありました。権利の所在を明らかにすることで、納税の義務を明確化できるという政治の側の都合もあったでしょう。

一方、当時の漁業は、手こぎの船による釣りや、藁縄《わらなわ》の定置網などが主流でしたから、いくら頑張っても游泳力《ゆうえいりょく》がある魚を乱獲することはできませんでした。人間の漁獲能力が自然の生産力に追いついていなかったので、沖合については規制を設ける必要がなかったのです。当時の状況を考えると合理的な仕組みといえます。

戦後の漁業法の改正では、網元を解体し、代わりに各浜に漁業協同組合（漁協）を設置し、前浜漁場の排他的漁業権を与えました。漁業者の選挙で選ばれた組合長のもとで、漁民の自治によって漁場の利用を決めようという考え方です。一方、沖合については、これまで同様に、自由な操業を認めました。沖合の資源が無尽蔵であることが前提の仕組みです。

それぞれの組合に属する組合員が、小さな漁船で、地先の漁場で操業するのが沿岸漁業です。大型の漁船で県をまたいで操業する沖合漁業が、その外側で自由に操業をしています。

漁業権とは排他的に漁業を営む権利を指します。読者の皆さんも、漁業権という言葉は聞いたことがあると思います。一方、農業権という言葉は存在しません。そこが漁業と農業の本質的な違いです。

農業の場合は、生産の場である土地の私有が可能です。自分の土地で農業をするかどうかは個人の自由であり、農業をするために特別な農業権は必要ありません。一方、海は公的な空間であり、みんなのものなのです。だからといって、誰でも好きなだけ魚を獲《と》ることができたら、過剰漁獲になり漁業が成り立ちません。そこで、公的な海面で排他的に漁業を営む権利として、漁業権が必要になります。悪しき既得権益のようにいわれることも多い漁業権ですが、漁業が産業として成立するためになくてはならないものなのです。

誰が農地を使うかを決める権限が農協にはありません。一方、漁業の場合は、誰が漁場を使うかを決める権限が漁協にあります。特に養殖については、許可が下りるかどうかは漁協の裁量が大きく、企業の参入がとても難しいものになっているのです。

農協と漁協を比較すると、漁協のほうが格段に大きな権力を持っています。漁業権という大きな公的権力を保っているにもかかわらず、その実施状況は極めて不透明です。不透明な権力は、腐敗して、利権の温床になりやすいのが世の常です。漁業権が適正に行使されていることが外部からも確認できるように、漁業権の行使実態に関する情報公開を進める必要があります。

漁業権システムの制度疲労

日本の漁業システムは江戸時代から変化がないのですが、漁業のテクノロジーは目を見張るような進化を遂げました。現在の効率的な漁業を制御して乱獲を防ぐには、今の枠組みでは不十分です。

漁協の共同漁業権（縄張り）が設定されているのは、沿岸の3〜8海里の範囲です。江戸時代より広くなったとはいえ、極めて狭い海域です。沿岸漁場では、海藻、ウニ、アワビなど、漁協の縄張りから移動をしない定住性の根付き資源については、内部で話し合って、持続的に利用をすることが可能です。

しかし、游泳性の魚については、話が違います。魚は水温やエサなどの要因で、頻繁に移動をします。今日、自分たちの縄張りにいる魚が、明日もいてくれるとは限りません。縄張りの外に行ったら戻ってくる保証はないし、余所《よそ》の漁師に獲られてしまうかもしれない。そこで「親のかたきと魚は見たらとれ」と、誰もが我先に獲ることになります。

また、サバ、アジ、クロマグロなど、資源の減少に伴って、沖合漁業と沿岸漁業の競合が深刻化しています。漁業者の数は減っているのですが、個々の漁船の能力が向上することで少なくなった資源を効率的に獲る能力はむしろ高まり、魚の奪い合いになっています。公海自由の時代であれば、沖合漁業に補助金を付けて、海外漁場に向かわせればよかったのですが、今の時代は皆で我慢をする必要があります。

まるで意味がない日本の漁獲枠制度

世界はどうなっているかというと、前出の国連海洋法条約では、水産資源は人類共有の財産と位置づけています。沿岸国は、200海里内の排他的経済水域（EEZ）の水産資源を持続的に管理するように義務づけられているのです。持続的に管理をする対価として、水産資源の排他的な利用権が認められています。日本も、1996（平成8）年に国連海洋法条約を批准し、「排他的経済水域」を設定しました。これにより、水産資源を持続的に管理する義務が生じました。

そこで同年にTAC（Total Allowable Catch）法（海洋生物資源の保存及び管理に関する法律）という法律を整備して、国（水産庁）が漁獲枠を設定するようになりました。しかし、漁獲

TAC設定量に対する「消化率」

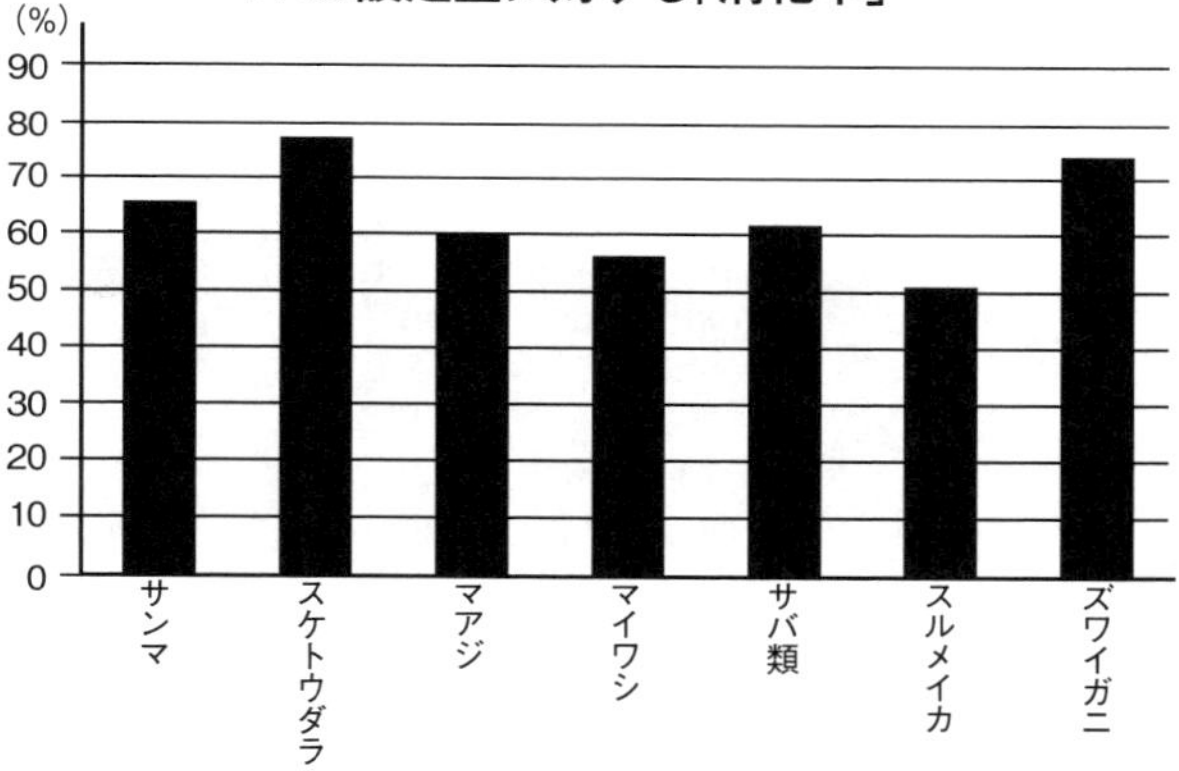

漁業情報サービスセンター　TAC／漁獲管理システム　捕獲実績より作成

枠を設定されているのはたったの7魚種（マアジ、マサバ・ゴマサバ、マイワシ、スケトウダラ、サンマ、ズワイガニ、スルメイカ）にすぎません。世界では、漁業対象資源ばかりでなく、混獲（狙った魚種以外の魚が獲れること）の対象も含めて、漁獲枠を設定するのが当たり前になっています。漁獲量が日本と同程度である米国は520魚種、10分の1であるニュージーランドですら約100魚種を漁獲枠で管理しています。

日本以外の国では、漁獲枠と漁獲量がほぼ等しくなるのが普通です。人間の漁獲能力は、海洋生態系の生産力を大きく超えているので、資源の持続性を考慮して漁獲枠を設定すると、簡単に獲りきれてしまうからです。しかし日本では、低水準の資源も含めて、毎年のように漁獲枠の3割程度が消化されずに残ります（前ページのグラフ参照）。これでは漁獲枠がないのと実質的には変わりません。

日本の漁業者は魚を獲るのが得意ですから、他の国で獲りきれてしまうものを日本だけが獲りきれないということはまずあり得ません。日本では、持続性を無視した過剰な漁獲枠が設定されているということです。

乱獲にお墨付きを与える水産庁の言い分

水産庁はなぜ漁獲規制をしないのでしょうか。彼らの言い分を整理してみましょう。2007（平成19）年に第一次安倍内閣によって設置された内閣府の規制改革会議では、様々な分野の規制について議論されました。水産分野では、無駄な規制を取り除くのではなく、漁業が産業として成り立つために必要な漁獲規制を要請する内容でした。こうして2008年に、成功している海外の漁業国を参考に、国が責任をもって個別漁獲枠方式を導入すべきであるという内容を盛り込んだ答申が閣議決定されました。これを受けて水産庁は「TAC制度等の検討に係る有識者懇談会」という会議を招集し、この議題を検討しました。そこでの結論は以下のとおりです。

①日本と海外では漁業の実態が違うので、海外の成功事例は日本には当てはまらない
②海外は入口規制が機能しなかったので、出口規制が必要になった。日本では入口規制が機能しているので出口規制は不要である
③日本の漁師はモラルが高く、自主的に資源管理できるので、海外のように公的機関が規制をする必要はない
④日本では早獲り競争がないので、漁期の短縮が起きておらず、ダービー方式から個別漁獲枠方式に移行する必要がない

この4つの論点について、個別に整理していきましょう。

①日本と海外では漁業の実態が違うので、海外の成功事例は当てはまらない

【主張の要点】日本と海外では事情が違う。海外で成功しているからといって、日本でう

まくいくとは限らない。個別漁獲枠方式は、ノルウェーのような高緯度地域で魚種が少ない場所でのみ機能するので、中緯度地域で魚種が多い日本では機能しない。

【筆者の反論】確かに国によって、漁業の実態はそれぞれ異なります。海外といっても様々な国があり、国民性も漁業の形態もそれぞれです。しかし、幅広い国で導入されて、効果が確認されている個別漁獲枠方式は、日本でも機能する可能性が高いと筆者は考えます。すべてをそっくりそのまま真似《まね》できないとしても、他国の成功事例には参考にできる部分がたくさんあります。

日本と同じぐらいの緯度の米国、ニュージーランド、オーストラリア、チリでも個別漁獲枠方式が導入されて、効果が出ています。日本と地理的に近く、漁業の実態が近い韓国でも個別漁獲枠方式に移行しています。世界では、漁業対象資源ばかりでなく、混獲の対象も含めて、漁獲枠を設定するのが当たり前になっています。魚種が多いことが、漁獲枠を設定しない言い訳にならないことは明白です。いきなり全魚種で導入するのは無理でも、重要魚種から順番に個別漁獲枠方式を導入することは可能です。

②日本の水産資源は入口規制が機能しているので出口規制は不要である

【主張の要点】日本では漁船の数や大きさや漁具などがきめ細かく規制されている。これらの入口規制によって、水産資源が適切に管理されているので、出口規制（漁獲枠による規制）は不要である。

【筆者の反論】漁船の能力が向上するなかで、入口規制だけでは十分な効果が得られないのは世界共通です。日本では入口規制のみで十分な効果があるという主張は、日本の水産資源の現状を見れば説得力がありません。また、入口規制と出口規制はそれぞれ異なる長所があるので、併用することが望ましいのは先に述べたとおりです。

また、入口規制に関しても、日本は世界から大きく遅れています。ほとんどの漁業国では、漁具、漁期、漁獲可能な魚の最小サイズに関して、日本よりもきめ細かな規制が行なわれています。日本の漁業規制は水産資源の持続性よりもむしろ人間の都合が優先されがちです。必要な規制がなかったり、規制が守られているかどうかを監視する機能が欠如していたりするケースが目立ちます。

日本のサバは食用サイズになる前の稚魚が漁獲のほとんどを占めています。海外の漁業者に日本のサバの水揚げの写真を見せると「なぜ、日本は漁獲サイズの規制をしないのか」と大変驚かれます。サバのように価値がある魚にすら最小漁獲サイズがないことからも、日本の入口規制が不十分であることがわかります。

多くの先進国では、漁船の場所を当局に知らせるＶＭＳ（Vessel Monitoring System）という機器の導入が義務づけられており、どこで操業したかが一目でわかるようになっていて、違法操業の疑いがあればすぐに当局が立ち入り検査をします。日本でも一部の悪質な違法操業の常習船にはＶＭＳが導入されているのですが、電源を入れる義務がないので意味がありません。

日本では、ルールがあるけれども誰も守っていないということがよくあります。たとえば、１９７８（昭和53）年に北海道の積丹《しゃこたん》半島沖で日本の小型漁船がソ連船の臨検（その場に出向いて取り調べること）を受けた際に、その船の大きさが登録票に記載された大きさよりも著しく過大であると指摘されて国際問題になり、国会でも議論されたことがありました。北海道庁が登録されている小型サケ・マス漁船８３０隻を調べたところ、約６００隻が不正トン数でした。それも、10トンと登録された漁船が、実際に測ってみたら30トンだったというような大幅な水増しが多数発見されたのです。

トン数の違反は現在も続いています。国土交通省は、毎年、船舶のトン数が適正に維持されているかどうかを確認するために船舶測度官による立入検査を実施しています。この検査では、毎年、約２割の漁船がトン数の是正対象になります。

国土交通省は平成26年度、船舶のトン数が適正に維持されていることを確認するため、１０４９隻の船舶について船舶法に基づき地方運輸局等の海事技術専門官（船舶測度官）による立入検査を実施しました。その結果、漁船では22％の47隻、漁船以外の船舶では５％の42隻について、トン数が適正でないことを確認したため、これを是正し、トン数の適正化を図りました。

（国土交通省　報道発表資料 平成27年６月16日）

きめ細かい操業規制どころか、日本では船の大きさすら守られていないのが実情です。

現状では、入口規制が機能しているようには見えません。漁獲可能な最小サイズを定めるなど、最低限の入口規制を整備したうえで、規則が守られているかどうかをチェックする仕組みをつくる必要があります。

③日本の漁師は、自主的に資源管理できるので、公的機関が規制をする必要はない

【主張の要点】 強欲な欧米の漁業者は、利益になるなら魚をいくらでも獲ってしまうので、国が積極的に管理し監督することが必要である。日本の漁業者はモラルが高く、自分たちの魚は自分たちで守る文化が育っているので、国がわざわざ規制をする必要がない。

【筆者の反論】 この主張は次ページの図のように説明されているのですが、実際には、欧米でも漁業の免許が必要であり、誰でも自由にできるわけではありません。商業漁業はおろか、レジャーを目的とした釣りなどをするにも免許が必要であり、釣ってもよい魚の数と大きさが事細かに決められています。日本のように誰でも釣り放題という国は先進国ではほとんど見かけません。

確かに、日本の小規模漁業には、伝統的な漁村コミュニティによる自主規制の成功事例が多数存在します。顔が見える範囲で占有している定住資源については、現行の枠組みで

日本と欧米の漁業管理の考え方の違い
（③の主張の概念図）

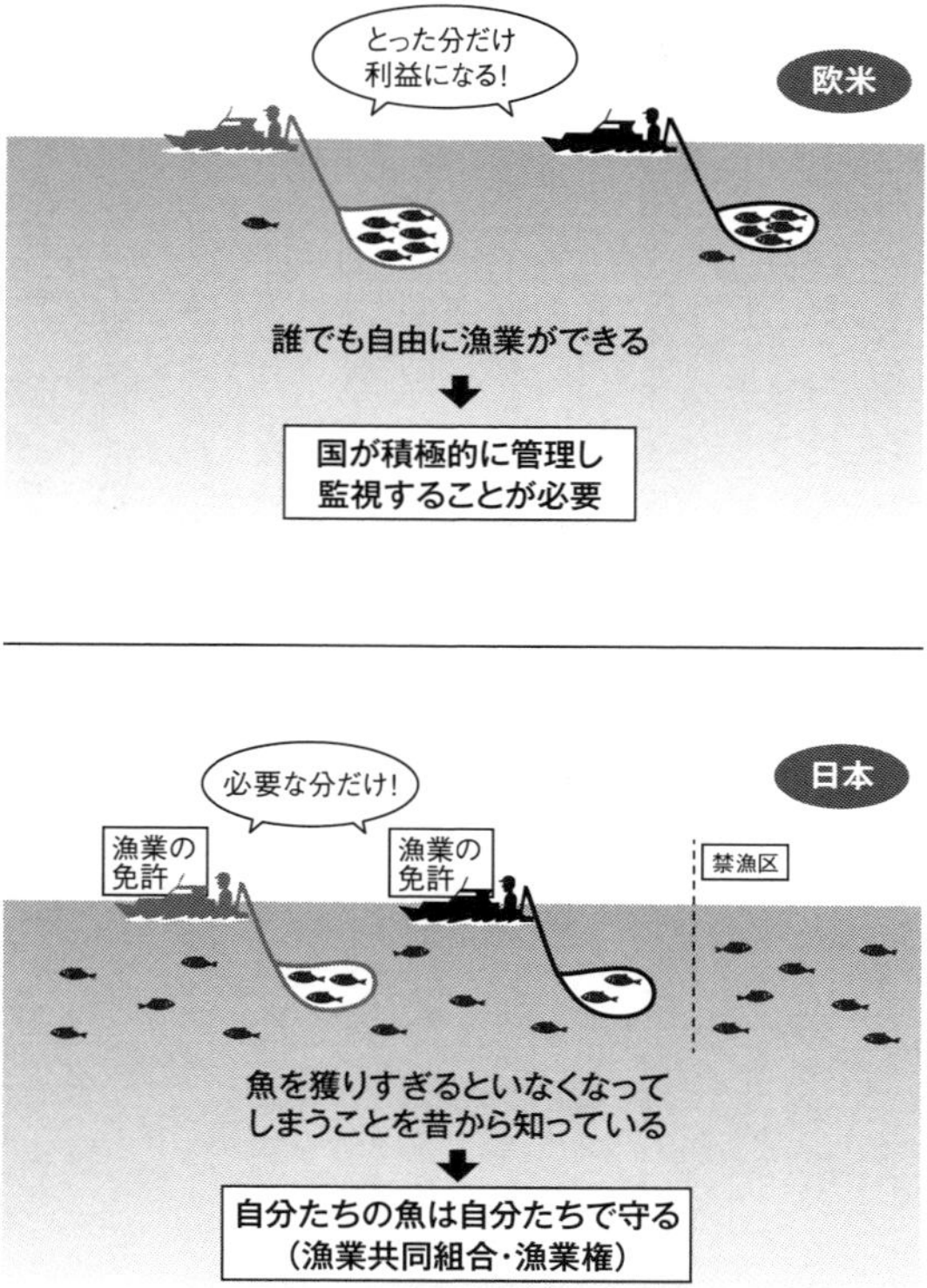

水産総合研究センター「FRANEWS」2013年9月号
牧野光琢「世界が注目する日本の『漁業管理』」より

も管理可能です。しかし、日本の漁獲の大半を占めるアジやサバなどの大規模な資源については、利用している漁業者が集まって話し合う場すらないのですから、ルールづくりができるはずがありません。小規模資源の一部が管理できているからといって、大規模回游性資源の乱獲状態を正当化することはできません。

日本では、公的なルールすら守られていない事例をしばしば見かけます。中央大学の海部健三准教授の調査で、都道府県に報告された漁獲実績の倍のシラスウナギが、養殖池に入れられていることがわかりました。国産ウナギの半分は密漁などの非正規ルートに由来すると考えられています。日本の漁業者は違反をしないのではなく、監督官庁が取り締まりをしないので、違法行為が放置されているというのが実態です。公的な規制すら守られていない現状で、罰則規定がない自主規制が守られないケースも多いでしょう。

④日本では早獲り競争がないのでダービー方式から個別漁獲枠方式に移行する必要がない

【主張の要点】欧米では漁業者の早獲り競争によって、極端に漁期が短くなったことから、個別漁獲枠方式が導入された。日本では漁業者間の調整によって、早獲り競争が回避できているので、漁期の短縮が起きておらず、漁獲枠を個別配分する必然性がない。

【筆者の反論】日本で漁期の短縮が起こっていないのは、前述したように、頑張っても獲りきれない過剰な漁獲枠が設定されているからであり、業界の内部調整の結果ではありません。

水産庁がいうように内部調整が機能しているなら、経済的に価値が高い魚を中心に水揚げをして、漁獲枠がほぼ埋まるはずですが、実際にはそうはなっていません。サバの場合は、稚魚の奪い合いをしたあげく、毎年のように漁獲枠を大量に余らせています。

資源量を超えて設定される漁獲枠

なぜそんな過剰な漁獲枠が設定されているのでしょうか。日本では、毎年、水研機構の研究者が、それぞれの系群に対して資源量を推定し、持続的に漁獲可能な量を定めてきました。これを、「生物学的許容漁獲量（ＡＢＣ：Allowable Biological Catch）といいます。ＡＢＣを超えて漁獲すると、資源の持続性を損なう可能性があるため、漁獲枠はＡＢＣ以下に設定する必要があります。

残念ながら、水産庁はこれをほとんど無視した形で、ABCを超えるTAC（総漁獲枠）を設定してきました。もともと日本のTAC制度は米国の漁業制度をお手本にしています。米国では、漁獲枠をABCよりも低く設定することが法律で義務づけられているのですが、日本はTAC制度を自国に輸入する際に、骨抜きにしてしまいました。科学的なアセスメントを無視して、「頑張っても獲りきれない漁獲枠」を設定すれば、資源管理として意味がないどころか、乱獲にお墨付きを与えているようなものです。

マイワシについては、科学者が勧告したABCの量はおろか、海にいる魚よりも多くの漁獲枠が設定されていました。この問題を、2007（平成19）年に朝日新聞が「イワシ『乱獲』お墨付き」という記事で取り上げました。水産庁の担当者は、「外国船もマイワシは獲っており、日本だけが資源が減った責任を負うわけにはいかなかったし、安定供給も必要だった。当時としては妥当な判断」などと、資源の持続性などまったく眼中にない釈明をしています。外国船が利用しているなら、国際的な管理の枠組みの設定を目指すべきであり、過剰な漁獲枠設定をする理由にはなりません。また、過剰な漁獲枠が安定供給につながるなどという理屈は聞いたことがありません。

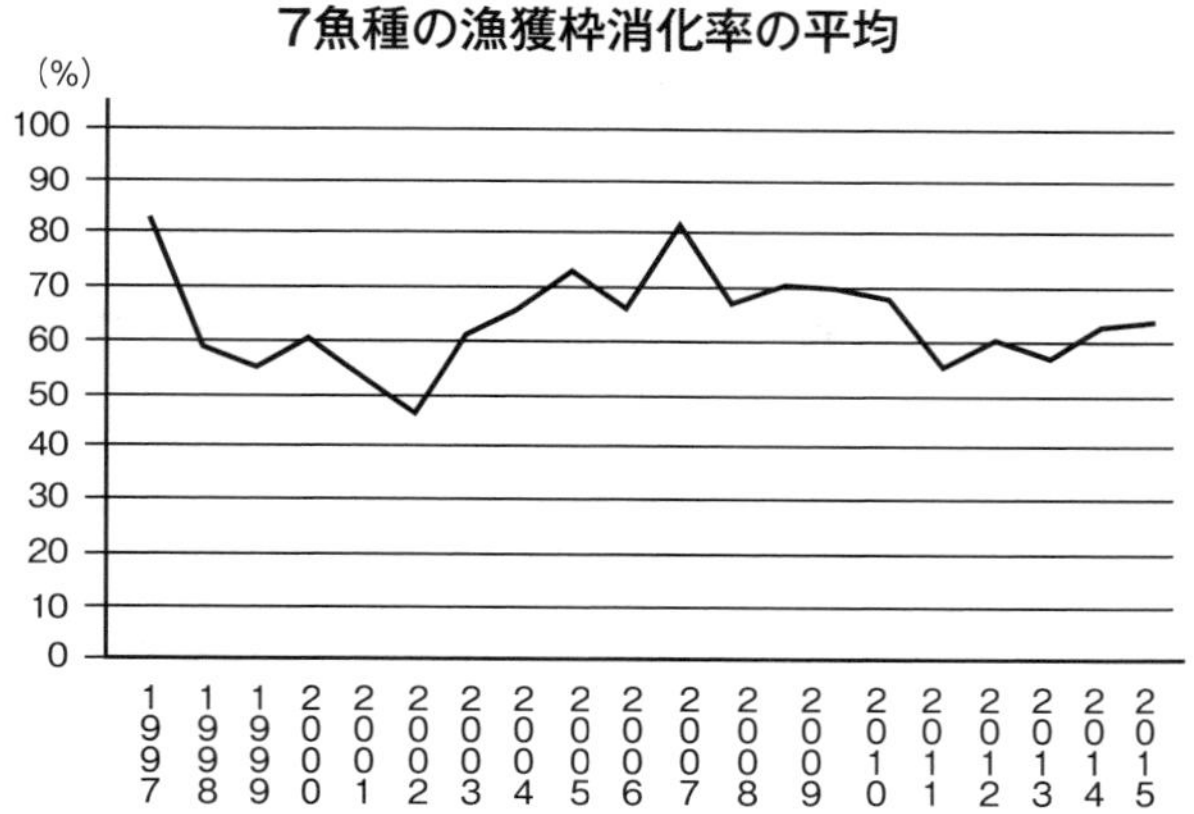

漁業情報サービスセンター　TAC／漁獲管理システム　捕獲実績より作成

朝日新聞をはじめとするメディアがＡＢＣ（生物学的許容漁獲量）を無視するＴＡＣ（総漁獲枠）の問題を取り上げたために、水産庁はＴＡＣとＡＢＣを等しくするという方針を打ち出しました。といっても、ＴＡＣをＡＢＣまで下げるのではなく、ＡＢＣを水増しすることで、過剰なＴＡＣを設定し続けているのです。

２００８年までは、科学者が管理目標を設定してＡＢＣの値を決定していました。低水準資源に対しては、資源回復が可能なように控えめなＡＢＣが設定されていたのです。しかし２００９年から、水産庁が指示した多様な設定でシミュレーションを行ない、そのすべての結果をＡＢＣとして採用するように変更されました。現在は、低水準で、回復が必要な資源についても、漁獲の現状を維持するようなシナリオがＡＢＣとして採用されています。科学的なアセスメントの結果であるＡＢＣまでもが資源の持続性を無視するように改悪されてしまったのです。

ＴＡＣの対象となる７魚種について漁獲枠消化率の平均値の推移をグラフ化してみると（前ページ参照）、２００９年以降も消化率は上がっておらず、過剰な漁獲枠設定が続いていることがわかります。

残念ながら日本では、科学は行政の管理下にあり、科学的なアセスメントも水産庁の意向が強く反映されます。元水産官僚で、捕鯨交渉を担当した後に、水研機構（当時の名称は水産総合研究センター）の理事を務めた小松政之氏は、次のように述べています。

日本では水産に関する試験研究、調査、分析、鑑定と講習を業務とする「水産研究・教育機構」が、水産庁から全面的に委託費を受けて資源の評価を実施するので行政から独立していない。世界では最小限要件の博士号もなく、科学論文も科学的著作も発表しない水産庁次官経験者が過去、現在3代理事長を務める。そのもとの生物学者も、理事長と水産庁の影響を受け独立しない。

日本では、科学者が自らの研究成果と良心に従った見解を示すことがなく、見解を述べない。

（2016年5月27日「日本漁業の許可制度 特徴と欠陥⑯」『みなと新聞』より引用）

私も外部有識者としてABCを決める会議に出席したことがあるのですが、小松氏が指摘するように、水産庁の意向によって、資源評価の内容が大幅変更されていました。私が会議で異議を唱えたところで、委託元の水産庁の意向が最終的には通ります。

TAC（総漁獲枠）は、水産庁が業界から有識者を集めた水産政策審議会に諮問したうえで決定しています。審議会といっても、出席する委員の多くは漁業団体に天下った水産庁のOBなので、実質は水産庁の内輪の会議です。そうした身内しかいない会議では、まともな議論が行なわれるはずがありません。現に、議事録を見ても、過剰な漁獲枠を問題視する発言は見当たりません。

ＴＡＣ決定の仕組みが、ほぼ水産庁の権限だけで決められていることが問題です。この現状を打開するには、予算的にも組織的にも、水産庁や水産業界から独立した研究機関によって資源評価を行なう必要があります。

持続性を無視した規制は、意味がないばかりか有害ですらあります。国連海洋法条約では、沿岸国が自国の資源を利用しきれない場合は、他国の利用を妨げてはならないとされています。過剰な漁獲枠を設定することは、自国の漁業資源へのアクセスを周辺漁業国に許すことになりかねません。

近年、公海での台湾・中国のサンマの漁獲が増えています。日本が国際的な枠組みでの規制の必要性を訴えたところ、中国はサンマ資源には余裕があるので問題ないという消極的な姿勢を示しました。これに対して日本は、楽観的な資源評価をして、過大な漁獲枠を設定しているために、強く出られませんでした。

水産基本計画は乱獲宣言？

水産庁は、水産に関する施策の総合的かつ計画的な推進を図るために「水産基本計画」

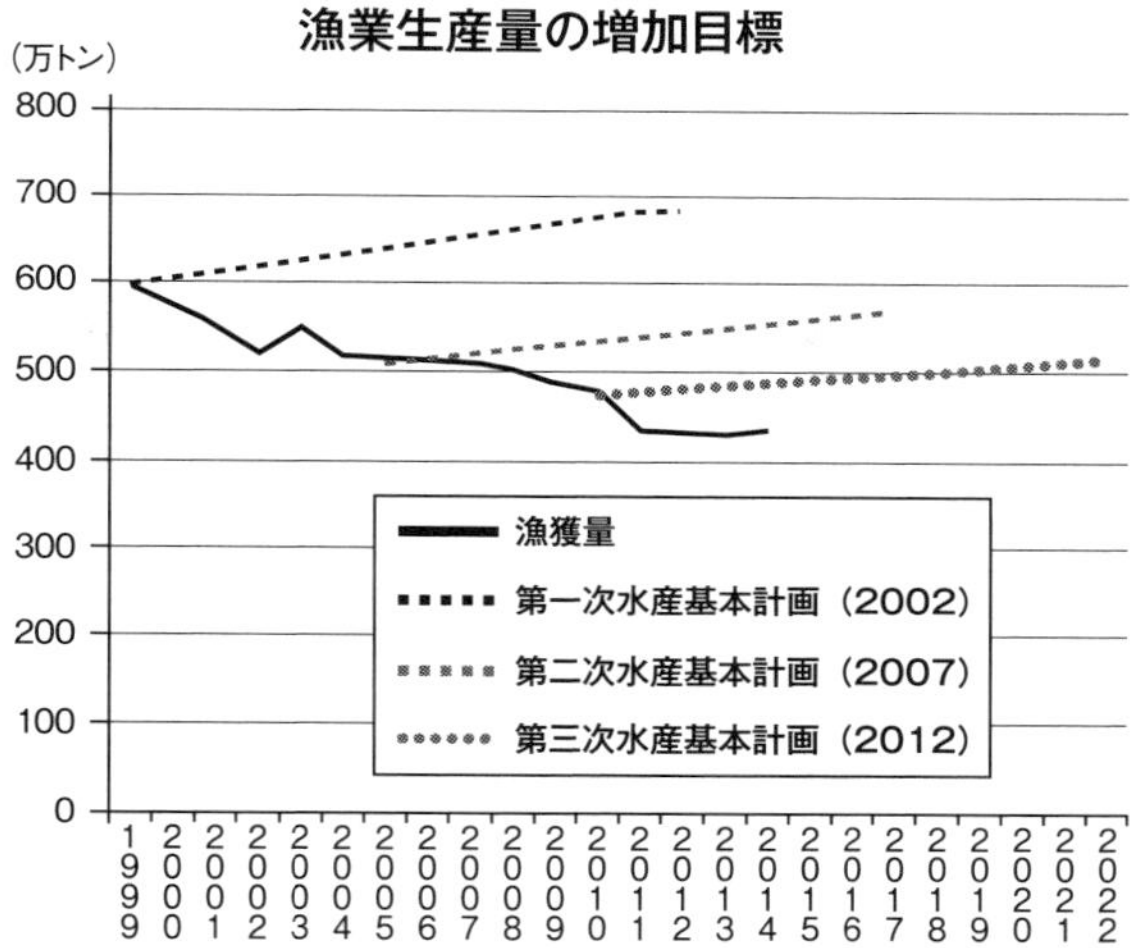

水産庁　水産基本計画より

を策定しています。水産基本計画は、国の水産政策のマスタープランというべき位置づけです。2002（平成14）年3月に最初の水産基本計画を策定した後、2007年、2012年と、5年ごとに見直しを行なっています。次回は2017年に予定されています。

水産基本計画では、水産物の自給率を改善するために、漁業生産量の増加目標が設定されています。2002年の最初の基本計画では、上のグラフの一番上の点線のように漁業生産を増加させていく予定でしたが、実際の漁業生産は太い実線に示したように減少してしまいました。

第二次水産基本計画では、漁獲量が減ったところを基準にして、再び生産量を増加させる計画を立てましたが、その後も漁業生産は減り続け、5年後に下方修正された漁獲量を基点に新たな回復目標が設定されました。次回の見直しでは400万トンあたりを基点に、右肩上がりの点線が付け加えられることになる予定です。

日本の漁業政策が破綻していることは、このグラフを見れば一目瞭然です。普通の会社であれば、経営再建計画を立てたにもかかわらず業績が直線的に悪化したなら、経営責任が厳しく追及され、経営陣の交代は不可避でしょう。しかし、水産行政では誰も責任を取らないし、何も変わりません。10年以上、同じ顔ぶれが同じ失敗を繰り返し、漁業は衰退の一途を辿《たど》っています。水産庁に責任があるのは明白ですが、この状態を何十年も放置してきた政治家にも責任がないとはいえないはずです。

2007年の水産基本計画の見直しで、水産庁は漁業生産を増大する目標が達成できなかった理由を次のように分析しています。

漁業生産量が増大していない要因としては、我が国周辺水域の水産資源が、藻場・

干潟の減少等による漁場環境の悪化も背景として、一部には回復の動きがあるものの全体としては依然低位水準にとどまっていること、漁業就業者の減少・高齢化など生産構造の脆弱化《ぜいじゃくか》が進んでいること等が挙げられる。

「水産資源が全体的に低位水準にとどまっている」という分析自体は妥当ですが、水産政策の中身はこれまでの焼き直しであり、事態を打開するのに必要な手段が講じられませんでした。これでは漁獲量のV字回復は望むべくもありません。２０１２年の見直しでは、漁業生産が減少したことにさらっと触れられているだけで、原因を分析するのをやめてしまいました。

そもそも、水産資源が低水準という認識があるにもかかわらず、すぐにいきなり漁獲量を増やそうとするのはナンセンスです。漁業生産を増やしたいなら、前章で述べたノルウェーのように、いったん漁獲量を下げて、まずは資源を回復させる必要があります。漁獲量を増やせるのは、資源が十分に回復した後になるはずです。水産資源の低下が原因で漁獲量が減っているときに、いきなり漁獲量増加を目標に掲げたら、その結果は乱獲でしかありません。我が国の漁業政策において、水産資源の持続性という観点が、根本的に欠如していることがわかります。

漁獲規制が成功したキンメダイ

最後に、漁獲規制が成功している事例も紹介しておきましょう。日本では公的機関の漁獲規制はまったく機能していないのですが、漁業者が自主的に漁獲規制をしている、いくつかの成功事例があります。

１９６６（昭和41）年に設立された千葉県沿岸小型漁船漁業協同組合は、千葉県外房地区の小型の釣り漁船が５００隻あまり集まってできた組織です。水産資源を永続的に利用するために、自主的に様々な取り組みを行なっています。10トン未満の釣り漁業は自由漁業であり、操業するに当たって、公的な漁獲規制はありません。ここでは誰から強制されたわけでもなく、漁業者が自分の生活を守るために規制をしています。沿岸の小型漁船は、四季折々の様々な魚を利用しているのですが、キンメダイの漁獲規制は成功事例として特に知られています。

御宿、勝浦、鴨川のキンメダイの漁獲量

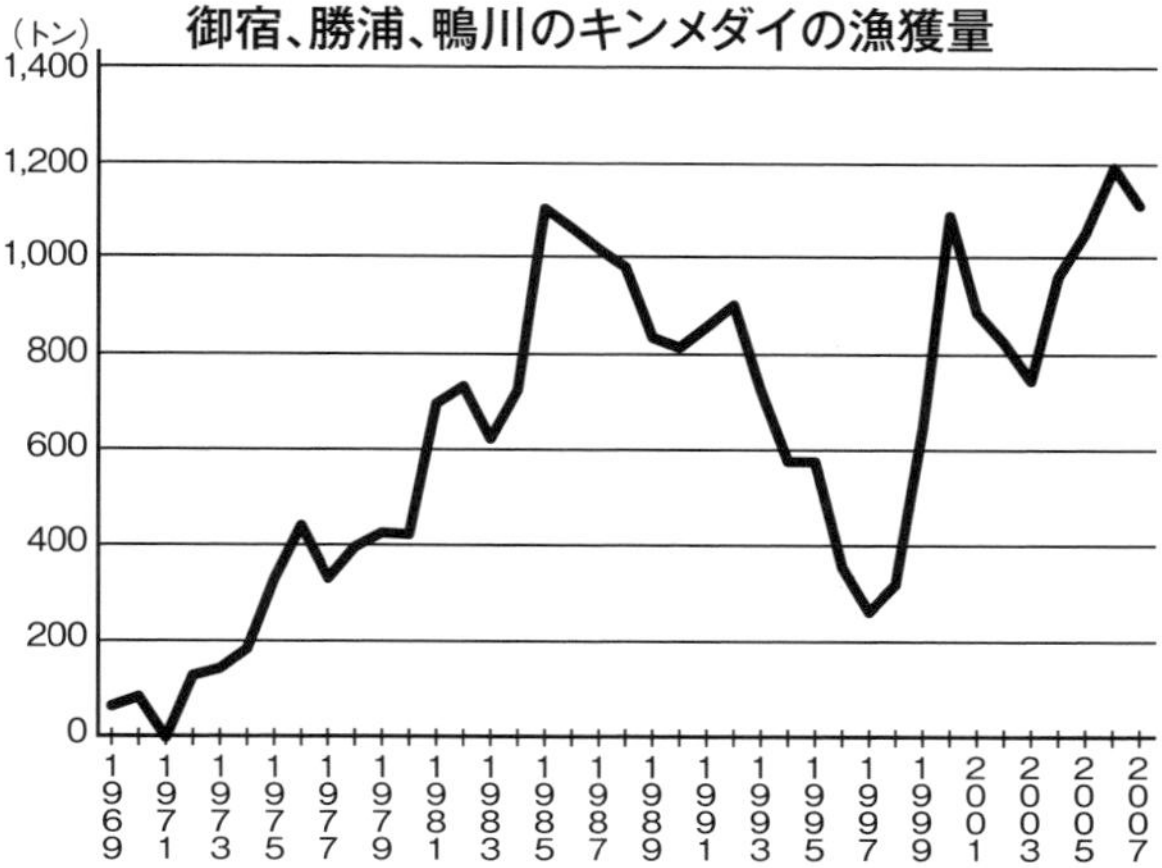

千葉県沿岸小型漁船漁業協同組合調べ

冬のキンメダイの煮物など、たまらないおいしさですよね。しかし、この魚も全国的には１９８０年代から漁獲量が年々減少していました。

　この漁協でのキンメダイの操業時間は、１９６９年には日の出から日没でした。キンメダイに依存する漁船が増加し混み合ってきたことから、平成に入って段階的に操業時間が縮められ、現在は４時間になっています。25センチよりも小さい魚は海に戻します。資源の保護のために産卵期の７、８、９月は禁漁にします。さらに、回遊などの生態調査のために毎年１５００尾前後のキンメダイに標識をつけて放流もしています。漁具やエサについても細かい規定があります。

これらのルールは船団の代表者の話し合いで決まります。話し合いのルールは多数決ではなく、全会一致が基本です。誰かが反対しているのであれば、やりません。反対するには必ず理由があるはずです。規制をしたいと思う船団長が、反対をする船団長の理由を聞いたうえで、じっくり話し合いをすれば、最後には全会一致で決めることができるそうです。そうやって皆が納得したルールだから、漁業者は守るし、周りも破ることを許さないのです。

こうした漁業者コミュニティの自主管理は世界に誇れる素晴らしい事例だと思います。他にも京都の底引き漁業や駿河湾のサクラエビなど、自主管理の成功事例はいくつかあります。ただし、日本漁業全体で見たときに、管理ができている漁業は少数派です。というのも、自主管理が機能するにはいくつかのハードルがあるからです。

自主管理の前提として、コミュニティのまとまりが不可欠です。しっかりとしたコミュニティがあるから相互監視ができるし、ルールが守られます。コミュニティが希薄だと、立派なルールがあっても誰も守っていないという例を往々にして見かけます。筆者が話をした別地域のある漁業者は「決められた操業エリアなんて誰も守っていないよ。魚が減ってしまって、それでは食えないから」と言っていました。残念なことに、漁村の過疎化が進み、コミュニティがどんどん希薄になっています。

また、漁業者は一匹狼《おおかみ》が多いので、それを束ねられるリーダーが必要です。自主管理の成功事例を見ていくと、人格的にも立派なリーダーがいます。こういうリーダーが労をいとわずに説得をするので、「あの人がいうなら仕方がない」となるのでしょう。秋田県ではハタハタが減ったときに、当時の組合長が年間に50回も漁獲規制のための漁業者説明会を開き、結果として3年間禁漁をすることができました。組合長も漁業者ですから、説明会やその準備にさかれる時間だけ貴重な出漁機会が失われることになります。

さらに、自主管理でうまくいっているのは、定住性の小規模資源だけです。自主管理の合意形成は個人個人に依拠しますから、顔が見える範囲の拘束力でしかないのです。また、自分たちが我慢をしてもよその人間が獲りたい放題では、ルールを守っても資源は守れません。

千葉の小型漁船組合にしても、以前はサバ、カツオ、イカなど、季節に応じて多くの魚種を獲っていました。しかし、回游性の大規模資源は自分たちだけでは守れないため、ことごとく資源が悪化して、キンメダイに対する依存度が高まっています。大規模資源については県や国が資源の持続性を勘案して全体の調整をする必要があるのですが、現状ではそれができていません。

自主管理で頑張っている漁業者の足を、国が引っ張っている事例すらあります。

京都の底引き網漁は、厳しい自主管理が認められて、持続的な資源管理をしている漁業に対して認定される国際的なエコラベルＭＳＣ（第6章で詳述）を２００８年に取得しました。アジアで初の快挙です。ＭＳＣは魚種、漁法、エリアを限定して認証されますが、このとき認証を得た魚種はアカガレイとズワイガニでした。ところが、２０１２年の再審査でズワイガニが対象魚種から外されてしまったのです。ズワイガニ資源はやや減少傾向にあり、国が２００８年から10年以内に資源量を15％増加させるという資源回復計画を策定していました。しかし、その後も資源の減少が続くなか、日本政府は漁獲枠を増加させ、全体の漁獲量が増えました。その結果、京都府の底引き組合は漁獲量の規制をしていたにもかかわらず、資源全体としては規制がなされておらず、資源管理ができていないと判断されてしまったのです。

筆者の知り合いの小規模漁業者の多くは、水産資源の現状に危機感を抱いています。そして、自主的な取り組みの限界も実感していて、「国に大規模漁業を規制してもらいたい」と期待しています。こういった声があることも知っていただきたいと思います。

第5章 日本漁業再生への道

研究機関を水産庁から切り離す

この章では、日本漁業を成長産業にするための計画を立案してみたいと思います。日本の漁業が復活するということは、私たち消費者がこれからも新鮮な魚を適正な値段で食べられるということにつながりますので、ぜひ一緒にお考えいただければと思います。

成長産業にといっても、特に奇抜なことをする必要はなく、世界ですでに常識になっていることを、日本漁業の実情に合わせて導入するだけの話です。

国によって漁業の仕組みは違うので、他国の成功事例をそのまま持ってくるわけにはいきません。日本に足りない部分を補いつつ、できる範囲で導入していくことが、その大きな柱になります。

最初にやるべきことは、科学機関を水産庁から独立させることです。水産資源の現状を把握する上で、科学者の果たすべき社会的責任は極めて重いのですが、第4章で述べたように、研究機関の予算が水産庁に握られ、トップが水産庁の天下りでは、科学の独立性は守れません。水産庁の都合で科学者の発言が制限されている現状では、まともな政策判断は不可能です。

日本の水産研究のレベルは世界と比べて劣っているわけではありません。優秀な研究者は数多くいます。

研究者の良心に基づいて、水産庁や業界にとって望ましくない結果であっても、自由に公開できるようにすることが必要です。そうすれば、過剰な漁獲枠が設定されている現状は必ず変わり、大きな変化が期待できます。

すでにある水研機構を予算的・人的に水産庁から切り離すのが最善ですが、それができない場合は、資源評価のための独立した別組織をつくる必要があります。

漁獲量を正確に記録する仕組みをつくる

実は、日本にはそもそも漁獲量を正確に把握する仕組みがありません。水産庁は漁協や産地市場がファックスで送ってくる水揚げ報告を集計するだけで、水揚げ現場で魚種や漁獲量の確認をしていません。漁船と漁協（市場）が黙認し合うことで、漁獲量や魚種をごまかして申告することが可能な仕組みになっています。

2005（平成17）年は予想外に魚が獲れたために、サバの漁獲量が漁獲枠に達しました。水産庁は漁獲を自粛するように通達を出して、漁獲が停止したことになっているのですが、市場関係者の話によるとそうではないようです。実際にはサバの水揚げは続いていたのですが、「アジなど」「混じり」などという分類で報告されていたそうです。誰も確認をしないし、たとえ虚偽の報告をしていても裏の取りようがない現状では、漁獲量を過小に報告したり、別の魚種で報告したりという不正が起こることは容易に想像できます。

また、日本では1トンの重さが、漁港によって違います。ある漁港は1トンが1300キロであったり、別の港では1トンが1100キロだったりします。水揚げされた魚には、水や氷が含まれるのですが、それらの重量をどの程度見積もるかは市場の裁量に任されているのです。

水産流通業者は、それぞれの港の1トンの重さを理解した上で、水産物を取引しているのでビジネス上の問題はないのですが、漁獲枠規制をするなら正確な漁獲量を把握できる仕組みが必要です。

水揚げ量の監視体制の構築

この点について、海外の事例を見てみましょう。ノルウェーでは、コストをかけて正確な漁獲量を記録して、不正の監視をしています。漁船が魚を獲ったとき、市場（加工場）に水揚げしたとき、魚を売るときには、それぞれ管理当局に数量を報告します。すべての段階で数字が出てくるので、どこかで不正があった場合にはすぐにわかります。数字に不整合があった場合は、管理当局が倉庫の中の在庫をチェックします。魚は一般的に10～20キロ単位で箱詰めされていますが、ノルウェーではその箱のすべてにロット番号の表示が義務づけられています。いつ誰が獲った魚かわかるようになっているのです。

近年では、流通段階における故意の違法はほぼないということです。ノルウェーの漁業省に、「監視コストがもったいなくないですか？」と質問したところ、「誰も不正をしていないということがわかれば、漁業者は安心してルールを守れる。そのための必要経費である」という答えが返ってきました。

トレーサビリティ（物品の流通経路が追跡可能であること）を確立することは、食の安全安心にもつながります。また、輸出を進める上でも必須条件ともいえます。水産流通の透明化の確立は、国として取り組むべき課題だと思います。

日本でも牛肉はＩＤタグで追跡できる仕組みができています。水産でも、ＩＣＴ（情報通信技術）を使えば、産地市場、消費地市場、小売りからリアルタイムでデータを集めるシステムの構築は技術的には可能ですが、多段階で複雑な水産の流通プロセスにどのように実装するかは、一筋縄ではいかないでしょう。最初から完璧なシステムは難しいかもしれませんが、だからといって何もやらないわけにはいきません。大きな穴から順番に塞いでいって、徐々に改善していけばよいのです。

個別漁獲枠制をどのように導入するか

漁獲の規制においては、理想と現実があります。すべての資源をきちんと管理できればそれが理想ですが、日本の現実を考えると悠長なことをいってはいられません。優先順位を決めて、スピード感を持って、できることから始めることが重要です。

ＥＵは共通漁業政策の改革にあたり、これまでに効果があった資源管理手法に関する調査研究を行ないました。この調査では、海藻や貝などの小規模定住性の資源については、地域漁業者に管理権限を譲渡する方式が有効であったのに対し、それ以外の資源については個別漁獲枠方式の有効性が高いという結果が得られています。

日本でも、小規模定住性の資源については、従来の自主管理の枠組みを強化することで対応するのがよいでしょう。

カツオやサンマなど広域を回游《かいゆう》する国際資源は、日本単独の規制では持続的な利用は不可能です。他の漁業国と連携して、国際的な枠組みの構築を目指すことになります。相手もあることなので、5年先、10年先を見据えて、今から戦略的に動く必要があります。

県をまたいで分布回游をする魚のなかで、産卵場と生息域の大半が日本のEEZ（排他的経済水域）で完結する魚種に絞って、個別漁獲枠制度を導入するのがよいでしょう。そのなかでも特に優先順位が高いのは、サバやアジなどの商業的重要種です。ニュージーランドやアイスランドは、漁船の数が多い沿岸漁業は後回しにして、沖合の大型船から個別漁獲枠を導入しました。こういうやり方もひとつの選択肢です。

TAC魚種＋数魚種から規制する

こうした価値がある資源を次世代に残す、あるいは漁業の労働環境をよくすることが求められているわけですが、その処方箋《しょほうせん》となるのが個別漁獲枠方式です。他国でもすでに実施されており、EEZ時代に適した方法であることは、すでに第3章で述べました。

大規模な游泳性の資源で、漁業にとって重要な魚種から個別漁獲枠を導入していくことが必要です。日本で曲がりなりにも漁獲枠が設定されているのは、前出のTACの対象になっている7魚種に過ぎません。多くの資源管理先進国は、ほぼすべての漁獲対象魚種に漁獲枠が設定されています。日本でいきなりそこまでやるのは困難ですから、重要魚種においてきちんと導入していくことが重要です。

日本の魚種別水揚げ金額の統計から、①大規模游泳性資源（国内個別漁獲枠）、②海藻・貝などの小規模定住資源（漁業者の自主管理）、③マグロなどの国際資源（国際的な管理組織）の3つにざっくりと分けると、左ページの表のような比率になりました。大規模游泳性資源で、水揚げ金額の約6割を占めています。

大規模游泳性資源	57%
小規模定住資源	21%
国際資源	22%

大規模游泳性資源を生産金額の多い順に並べると、次ページのグラフのようになります。漁獲金額の多くの割合を、スルメイカなど少数の大規模資源が占めています。上位10魚種で53％、上位20魚種で66％になります。そこから先はドングリの背比べで、33魚種まで増やしても、71％までしか上がりません。日本では食用の対象となる魚種は多いのですが、ほとんどが少量多品種であり、生産量の多い魚種というのは案外と限られているのです。まずは、これらの主要な魚種から管理を始めるのが妥当です。

TAC対象のサンマ、スルメイカ、サバ類、マアジ、マイワシ、スケトウダラ、ズワイガニの7種に、ブリ、カタクチイワシ、マダイ、マダラを加えた11魚種で、国内の大規模游泳性資源の生産金額の5割以上をカバーできます。この程度の魚種数でもかなりの効果が期待できます。少なく始めて、徐々に魚種を増やしていけばよいのです。ノルウェーやオーストラリアも、同じように重要な魚種から個別漁獲枠方式を徐々に

魚種別水揚げ高とその割合

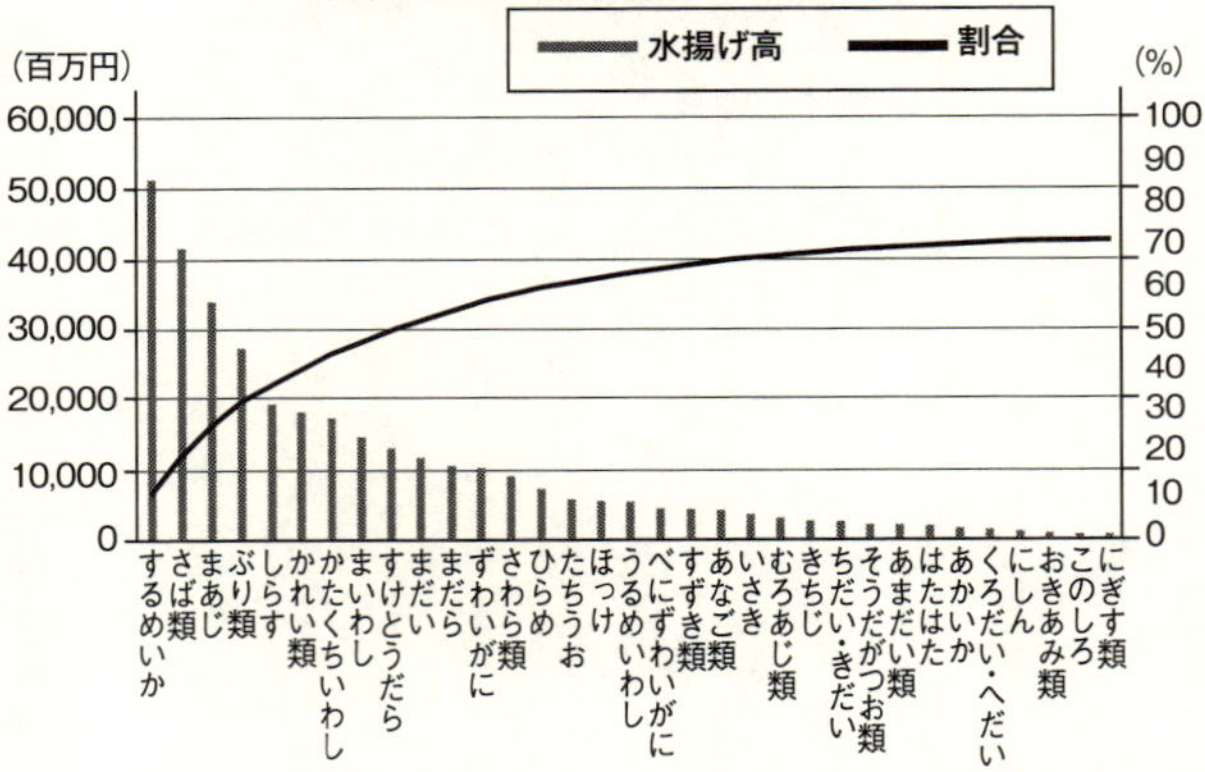

農林水産省 平成26年漁業生産額より作成

導入していきました。

漁獲枠の配分をどうするか

個別漁獲枠方式を設定できるようにしたうえで、次に漁獲枠を個々の漁業者に配分します。漁獲枠の初期配分は、個別漁獲枠を導入するうえで最初の山場になります。すべての漁業者が、より多くの漁獲枠を望むわけですから、全員が満足する結果を得るのは不可能です。満足はできなくても何らかの妥協点を見出《みいだ》す必要があります。この点においては、地域の個別の事情もあるはずなので、大枠だけルールを決めて、あとはケースバイケースで考えていくしかないでしょう。他国の事例を見ると、過去の実績に応じて配分することが多いようです。過去の漁獲実績に加え、船の大きさを勘案するケースもあります。

漁獲枠の配分については、地域の小規模漁業を大切にするノルウェーの方式が参考になると思います。ノルウェーではまず漁獲枠を沖合漁業と沿岸漁業に配分します。沖合漁業の漁獲枠は、あらかじめ割り当てられた持ち分に応じて漁船ごとに配分されます。沿岸漁業の漁獲枠は漁業者の話し合いで利用方法を決めます。ノルウェーでは沿岸漁業と沖合漁業の漁獲枠配分は、TAC（総漁獲枠）の水準によって変わります。資源が少なくてTACが少ないときは沿岸漁業に優先的に漁獲枠が配分されます。沖合漁業は他の海域で別の魚を獲るという選択肢があるのに対して、沿岸漁業のほうが場所と魚種の制約が厳しいからです。一方、資源が豊富でTACが高めに設定できるときは、漁獲能力が高い沖合漁業の割合を高くしています。

ノルウェーの沖合漁業は、個人経営の船がほとんどなので、船ごとに漁獲枠を割り振っていますが、日本の場合は企業が複数の船団を所有しているケースが多いので、企業ごとに漁獲枠を配分するのが合理的でしょう。沿岸漁業は、過去の実績に応じて、漁協に漁獲枠を配分し、内部で調整をします。地域の雇用と経済を維持するために、沿岸漁業には優先的に枠を回します。米国やニュージーランドでも、先住民の権利を守るために特別な漁獲枠が設けられています。日本でも政治的に守るべき漁業に対しては、漁獲枠の重点配分を行なうべきです。

離島特別漁獲枠を設定すべし

特に漁業振興が重要な離島には、島民の生活が成り立つ十分な規模の漁獲量を設定し、彼らに排他的に漁獲枠を行使できる権利を付与することが必要です。

なぜかというと、それは主に国防面での理由からです。無人島は、放っておけば他国から領有権を主張されるということが起こり得ます。しかし、日本人が住んでいれば別です。住民を排除して実効支配はできないので、他国が領有権を主張するのがほぼ不可能になります。島に人が住める状況をつくるというのが、あらゆる領土問題を未然に防ぐ方法なのです。

特に日本海、東シナ海の離島に人がきちんと住み続けられることは、日本にとって非常に価値があります。離島の産業は限られているのが現実ですから、島民が漁業でしっかりと生活基盤が築けるようにすることが大切です。

現状は、遠くから来る国内の大型漁船が離島周辺で操業しているため、離島の人々の漁業が成り立たなくなっています。中国船、韓国船は国際合意で決められた線の外で操業しており、よほど国境線ぎりぎりの島でない限り、島のそばに近づくことはできません。それに対して、日本の大型船は島の沿岸数海里の海域まで入って自由に操業することができます。具体的にいうと、東シナ海に面している長崎県の五島列島や沖縄県の石垣島では、中国船の影響が深刻ですが、日本海の対馬《つしま》、壱岐《いき》、及び太平洋の離島では、外国船よりもむしろ日本の大型船の影響のほうが大きくなっています。

対馬は韓国との国境の島です。韓国船の違法操業は確かにあるのですが、それよりも格段に影響が大きいのが九州本土から来る日本の大型船です。対馬の釣り漁業者は、シイラ漬という浮き魚礁を海面に設置して魚を集めているのですが、海が荒れて沿岸漁業の小型船が漁に出られない時を見計らい、日本の大型巻き網船がシイラ漬ごと魚群を一網打尽にして、漁具を破壊していくトラブルが頻発しているそうです。対馬の漁業は確実に衰退しており、結果として、対馬は韓国からの旅行者に依存した観光の地になりつつあります。

それでも対馬では、現在６００隻の小型漁船が漁に出ています。これらの漁船が国境を守る役目も果たしているのです。レーダーが発達しても、不審船などの哨戒《しょうかい》活動は目視確認が基本となっています。国境の海から日本漁船が消えつつある現状は、国防力の低下とそれを補うコストの肥大化を意味します。

同じ日本海の離島の壱岐でも、同じように資源の悪化に苦しんでいます。クロマグロの資源が減少したことから、釣り漁業者と釣り人は、クロマグロの産卵期に産卵場付近では禁漁をしています。しかし、日本の大型巻き網船団が産卵場に集まってきた絶滅危惧種《きぐしゅ》のクロマグロを一網打尽にしてしまいます。こうして、日本の大規模漁業によって、離島の生活が脅かされているのです。

主要な産業が、漁業を除けば公共事業、農業、観光ぐらいしかないなかで、もともと人口が減っているうえ島民の生活基盤が失われてしまうと、離島の過疎化が進んでいきます。すると、国防の面で不安要素を抱えることになってしまうのです。

沿岸漁業は漁業権の強化が不可欠

日本における漁業権は、決められた漁場での排他的利用権を意味します。現在の漁業権制度は、小規模漁業者が生活していくには不十分な内容になっていて、そのことが、地方の漁村の衰退の原因となっています。

大型船と資源を競合している場合には、狭い縄張りを与えられたところで沿岸漁業は成り立ちません。大型漁船の操業を規制して、沿岸漁業にも十分な魚の取り分を確保する必要があります。

具体的には沿岸の漁業権が設定された海域を拡大して、沖合漁業に、より外側で操業してもらうようにします。そのうえで、個別漁獲枠を重点的に割り当てて、沿岸漁業の取り分をしっかりと確保する必要があります。これまでの漁業権は漁場を利用する権利に過ぎなかったのですが、これを拡充するのと同時に、魚を獲る権利としての漁業権も付加しようという考えです。いくら補助金をバラ撒《ま》いても、魚がいなければ漁業は成り立ちません。水産資源を回復したうえで、沿岸漁業者が魚を十分に獲れるようにすることが、真の地方創生です。

漁業で生活できるような環境を整えるのと並行して、漁業権の乱用については歯止めをかける必要があります。空港など沿岸域の開発が行なわれると、漁協に不透明な漁業補償金が流れます。漁業権という公的な権力を排他的に行使しているにもかかわらず、その利用については透明性と説明責任が欠如しているのです。漁協は補償金の金額の根拠と、受け取った補償金の金額とその配分について、情報公開をすべきです。また漁業補償金の算定に関するガイドラインを国が作成し、第三者による監視も必要です。

漁獲枠の譲渡ルールを定める

個別漁獲枠方式を導入して漁業者間の早獲り競争を抑制する方法は、どこの国でも共通しています。しかし、細かい導入実態については国によって千差万別です。たとえば、漁獲枠を個別に配分すると、その漁獲枠を他人に譲渡（売買）したいという話が出てくることが予想されます。漁獲枠の譲渡をどの程度認めるかは、漁業の向かう方向性を決める重要なファクターであり、海外の事例を見ても、そこにはそれぞれの国の漁業に対する考え方が反映されているのがわかります。従って、我が国での個別漁獲枠の導入においても、譲渡のルールについては、長期的な視野を持って戦略的に議論しておく必要があります。

漁獲枠の売買自由化にはメリットとデメリットがあります。漁獲枠の売買の自由度が高ければ、漁業の経済効果が改善されます。同じ魚を獲るのでも、適切な冷蔵設備や丁寧に処理をする技術があると、それによって魚の質を高めることができ、魚価を高く設定できます。黒字の漁業者が赤字の漁業者の漁業枠を買い集めれば、漁業の生産性の向上が期待できるのです。

一方で、利益が出ない、効率の低い漁業者は早めに退場してもらい、別のところで活躍してもらうことになります。売らずに続けられる人は続けていいのですが、漁獲枠の売買が自由であるほど売るインセンティブが働いて売りやすい状況になりますから、効率の低い人の退場が促されます。結果として社会全体の経済の合理化が進みます。この考えに従って、漁獲枠の譲渡自由化を進めているのが、ニュージーランドやアイスランドです。漁獲枠の売買を認める方式をＩＴＱ（individual transferable quota）と呼んでいます。

ただし、漁獲枠があまりに集中しすぎると、寡占化の問題が出てきます。漁獲枠のすべてをひとり、あるいは一事業体が所有すると独占状態となり、価格が自由に決められてしまいます。これを防ぐためにニュージーランドでは、一事業体が最大で漁獲枠全体の30％までしか所有できない決まりになっています。

また、漁業枠の売買の自由化を進めると、投機目的のお金が漁業に流入して、現場に混乱をもたらすという批判もあります。伝統的な漁業国であるノルウェーでは漁業者の既得権を手厚く保護しており、漁業枠を船に割り当てて、譲渡を厳しく制限しています。実際に漁業をする人間しか漁獲枠を持てないようにしているのです。

では、日本ではどうするのがよいのでしょう。

経済性と生産性

日本の漁業にとって、経済性の改善は急務です。魚を獲ってまともな生活が送れるようにしなければ、漁業が先細りになるのは免れません。大規模資源に個別漁獲枠方式を導入して、漁業の生産性を底上げすることが不可欠ですが、一足飛びに漁獲枠の譲渡自由化まで進む必要はありません。譲渡を基本的に禁止にしているノルウェーの漁業が十分な経済

個別枠の譲渡を認める場合と制限する場合の利点

	食料安定供給	雇用	経済性
個別枠（譲渡自由）	○	○	◎
個別枠（譲渡制限）	○	◎	○
無管理	×	×	×

性を持っていることからわかるように、譲渡制限があっても、個別漁獲枠方式のメリットは十分に享受できます。

日本の場合は、漁業者の権利として、譲渡を極力制限した形で個別漁獲枠を導入するのがよいでしょう。

沿岸漁業は地域の雇用・経済を支えるという社会的な使命を持っていますから、沿岸の漁獲枠についてはそこで生活する漁業者のための固有の権利として譲渡は禁止すべきです。

一方、沖合漁業は、漁業の生産性を高めて水産物を安定供給するという役割が期待されるので、漁獲枠の譲渡を認めて生産性を高めることも、将来的には検討してもよいかもしれません。

規制すると漁業者は減るのか？

合理的な漁業規制を導入すると、弱者が淘汰《とうた》されて漁業者が減ってしまうという懸念もあります。ニュージーランドでは、

ＩＴＱを導入した１９８６年から２０００年までの間に、漁業者が１割減少しました。しかし、漁業に携わっているのは漁業者だけではありません。加工業者もまた、漁業による雇用です。水産加工による雇用も含めれば、ニュージーランドの水産業全体の雇用は増えているのです。

同じ時期に日本の漁業者は４割も減少しています。当然のことながら、きちんと規制をして、漁業の生産性を高めたほうが、より多くの人間を雇用することができるのです。

２００海里のＥＥＺ（排他的経済水域）時代に漁業を成長させる鍵は、きちんと残して高く売る漁業への転換です。ニュージーランドは、過剰な漁獲分野から、付加価値付けに必要な加工分野へと労働者が移動することで、「多く獲る漁業」から、「高く売る漁業」へと、産業構造を変化させていました。その結果、水産業全体の雇用が増加したのです。

漁獲枠設定は労働環境の改善とコストダウンにつながる

ノルウェーにせよ、米国にせよ、個別漁獲枠を導入したほぼすべての漁業で、労働時間が短縮されています。漁獲枠が設定されて魚を獲れる量が限られているという状況は、逆にいえば、その漁獲枠はいつでも自分が魚を獲る権利として保証されているということです。海が荒れた日に無理をして操業する必要はなくなります。

漁獲枠はいつ使ってもいいのですから、魚の単価が高い時期に獲りに行くようになります。ノルウェーの漁師は、冷蔵庫に在庫を取りに行くような感覚で海に魚を獲りに行きます。

また、個別漁獲枠方式を導入すると、操業コストは劇的に低減させることができます。すでに述べたように、急いで漁場に行く必要がなくなるので、燃費のよい速度で船を走らせることができます。

魚群探知機も、最新の機種は魚の大きさまでわかるので、大きな魚だけを狙って獲るために使うようになります。ノルウェーのサバ漁師は、小さくて単価の安い魚を避けるために魚群探知機を使っています。

同様に、網も大きくする必要はなくなります。大きい網だと当然たくさん獲れるのですが、その分、水揚げするときに魚が積み重なった圧力で傷みやすくなるのです。

漁業規制のメリットを享受するのは、漁業者や消費者ばかりではありません。日本では新しい漁船を買える漁師はほとんどいないので、船メーカーは官製需要によって苦しい経営状態をしのいでいる状態です。漁業が儲《もう》かるようになれば、漁船を新調しようとか、あるいはより高価な船を買おうという動きが出てくるはずですから、船メーカーにとっても長い目で見れば利益になると思われます。実際、ノルウェーなど海外では豪華客船のような漁船を頻繁に新造する漁業者も存在します。

魚の質向上と「売る努力」で魚価もアップ

一方で、生み出される水産物の品質が全体的に向上すれば、消費者の利益にもつながります。

今の日本の漁業は、早いもの勝ちのシステムですから、漁師としての腕がものをいう世界です。そうした競争がなくなったら、張り合いがなくなるのではないかと考える漁師もいますが、日本の漁業もそろそろ量ではなく、質を競う時代になる必要があります。

ノルウェーの漁業者は皆「漁業とは品質向上との絶え間ない戦いだ」といっています。彼らはライバルより早く獲る競争ではなく、魚の質を高める競争をしているのです。それがひいては消費者の利益につながります。

私が話を聞いたニュージーランドの底引き網漁の漁業長は、「私たちは網にちょうど15トンの魚が入るようにしている。20トン入れると魚の質が悪くなる。しかし、10トンだと何度も網を入れる必要があり、コストがかさむ。ちょうど15トンで獲るのが漁業長の腕の見せ所なんだ」というのです。そのために網を入れる時間を10～15分の間で、そのときの魚の密度によって調節しているそうです。彼らは量よりも質を追い求めているので、魚を一番いい状態で水揚げするにはどうしたらいいかを常に考えています。ルールが違うと、努力する方向も違ってくるのです。

こうしたきめ細かなやり方はむしろ、日本人が最も得意とするところです。しかし、いまはルールが悪いからその能力を早獲り競争に使ってしまっています。日本人の技術を魚の価値を高める方法に使えば、魚は劇的においしくなり、消費者はおいしい魚にはそれなりの対価を支払おうとしますから、結果的に漁業者も儲かるようになるはずです。

漁業者にとっても、早獲り競争では全体のパイは増えません。奪い合うためだけのコストがかかり、頑張れば頑張るほど悪くなっていく仕組みです。

しかし、漁獲枠を設定して、みんなで品質を上げるように切磋琢磨《せっさたくま》していくと、魚価が上がって、売り上げ全体のパイが大きくなります。安定した品質を保てれば、それがブランド力につながり、さらなる魚価の高まりも期待できます。

バブル期までは特に売る努力をしなくても魚価は自動的に上がっていたため、日本の水産関係者には、「ものを売るには努力をしないといけない」という感覚が希薄です。そして、スーパーなどの量販店は川上を叩《たた》いて値段を下げることで販売量を確保してきました。この先、漁業が生き残っていくには魚価の改善が不可欠であり、魚を売るための努力を生産者もしていく必要があります。

漁業関係者のなかには、「魚が売れなくなったのは、魚を食べない消費者が悪い」という人もいますが、消費者のせいにしている限り、魚の値段は上がらないでしょう。「つくって終わり」という業界は存在しません。家電でも、清涼飲料水でも、企業は製品を売るためのマーケティングに心血を注いでいます。水産物しか選択肢がなかった食糧難の時代から、水産物も選択肢のひとつという飽食の時代に入ったのですから、生産者と流通・小売り業者が協力して、お客さんに魚の価値を伝える努力をすべきです。

生産者から食材の魅力を伝えてもらえることは、消費者である私たちにとっても有益なことであるに違いありません。

以上、日本の漁業を成長産業にしていくための私案を説明しました。私が10年以上、国内外の漁業の現場を回って到達した現時点での結論です。しかしながら、この案が唯一の正解だとは思っていません。考えが至らない点や、改善すべき点も多々あるでしょう。

重要なことは、現在の日本の漁業が抱えている問題点を率直に認めたうえで、その解決策についてオープンに議論をすることです。「今の日本の漁業の仕組みに問題はない」と言い張って、変化に反対しているだけなら、漁業の衰退はどこまでも続きます。

第6章

魚食文化を守るために
できること

「変われない日本」が顕在化した漁業

本書をここまで読んだ読者には、「こんな当たり前のことを、なぜ、今までやらなかったのか」という疑問が頭に浮かんでくると思います。海外では当たり前のように行なわれていることを、日本でも日本なりのやり方で導入すればいいのではないかという、至極、まっとうでわかりやすい主張をしているのですから、それも当然のことと思います。

ただ、ここからの話は少々込み入ってきます。日本では漁業の改革が阻まれる構図が今でも残っていて、いつまでもルールやシステムが改善されないのです。漁業に関係する人たちは自分たちの立場で「これが日本の漁業を守ることになるのだ」との思いで仕事をしているのに、ルールや仕組みが時代にそぐわないのでジリ貧に陥っています。

そうした構図を変えるには、政治や行政、漁業に従事する人たちだけでなく、私たち消費者も積極的に関与していくことが必要です。

日本人は与えられた枠組みのなかで、みんなが真面目《まじめ》にコツコツ頑張るという点では非常に優れた国民なのですが、一方で、物事を俯瞰《ふかん》し、構造的な問題を考えて自ら変化を起こすことは苦手です。

日本の苦手な面が如実に顕在化してしまったのが、現状の日本漁業です。この問題を放置しておくと、さらに深刻化して自ら方向転換できない地点まで行き着いてしまい、最後には外圧で意図しない方向へ転換しなければならなくなるでしょう。

漁業において、普通に考えればすでに変革が起こっていてもいいはずです。なぜ他国では起こった変化が、日本では起きていないのか。これまで述べてきたような、場当たり的に獲《と》って並べる漁業から、高く売れる漁業に転換すべきという改革案が、日本漁業の総意にならないのには構造上の問題があります。

そのひとつは、分断対立構図がいたるところにあって、全体像が誰にも見えていないということです。

たとえば、水産物の多段階流通により、それぞれの当事者は自分の前後しか見えておらず、自分が全体の利益のためにどのように立ち振る舞えばいいかわからないことがあります。

かつてコールドチェーン（冷蔵冷凍による輸送）が発達していない時代には、流通の途中

水産流通の仕組み

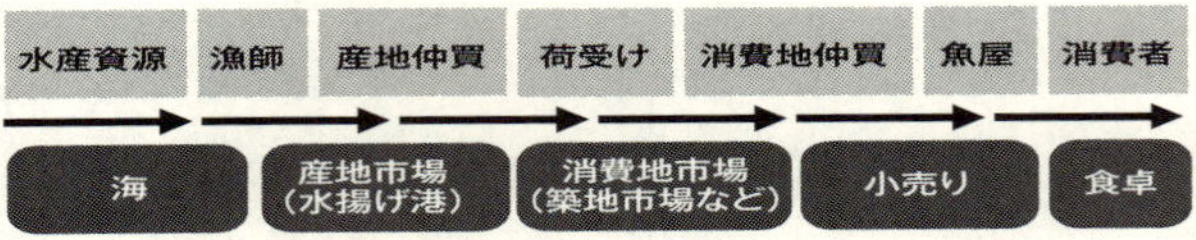

で魚が腐ってしまうことがありました。そのため、水揚げされる港と消費地市場の2カ所で魚のコンディションをチェックして競りを行なうことが必要でした。

どんな魚がどのぐらい水揚げされるかは、その日になってみないとわかりません。水産物は足が速い（傷みやすい）ので、水揚げしたらできるだけ早く適切な消費者の元に魚を送る必要があります。一見複雑に見えるのですが、コールドチェーンが完備していない時代に、消費者に適切な魚を届けるためのよくできた仕組みといえます。

こうした多段階流通であるために、川下の量販店が価格を決めると、港での魚価が自動的に決まってしまう構造になっているのです。

漁業者の間では、「安い値段で買い叩《たた》く量販店のせいで魚価が安い」と不満が広がっています。では、量販店は利益を出しているかというとそうではなく、量販店の鮮魚コーナーの大半は赤字です。誰かが利益を独り占めしているなら、その利益を皆に配分させるようにすればよいのですが、誰も利益が出ていないというのが日本漁業の現実です。分断対立構図のなかで、皆が自分の短期的利益を追求した結果、全体の利益が減り、弱者から淘汰《とうた》されています。

改革を潰す「免疫システム」

漁業改革は、本来、政治がイニシアチブを取って進めていく課題なのですが、日本では選挙公約で漁業についてはほとんど言及されません。日本の漁業が強かった時代は、有力な水産族議員が数多くいました。漁業に限った話ではありませんが、族議員は業界の代弁者として期待されており、業界が反対する規制には慎重です。

翻って現在はというと、多くの政治家は、漁業の問題に関心がないし、ほとんど知識がないように感じます。漁業は衰退していて業界団体に票をまとめる力もないから、政治家としても取り組む優先順位が低いのでしょう。

互いをつぶし合う
日本漁業の「三すくみ構造」

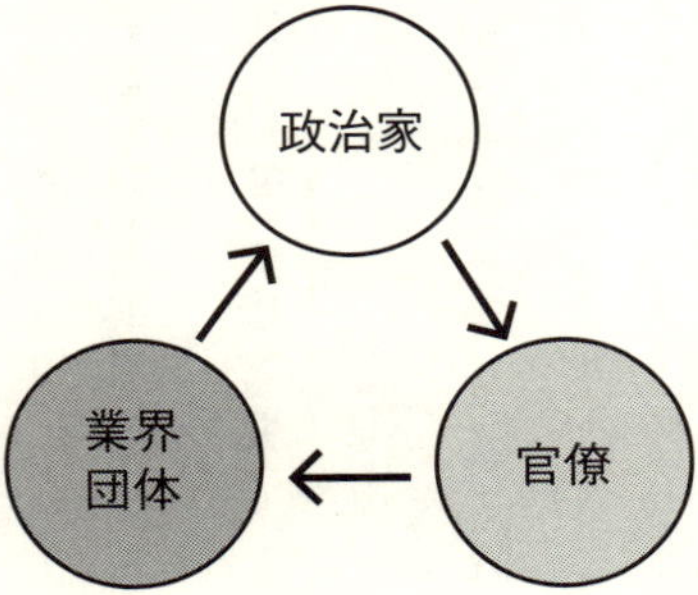

ただ、これまで改革の動きがまったくなかったわけではありません。過去にも変革しようとした形跡はあるにはあるのですが、どれも結実しなかったようです。そうなってしまった背景には、業界の「三すくみ構造」があります。

漁業の改革には、政治、行政、業界団体のコンセンサスが必要です。日本は選挙で選ばれた政治家が、行政を指揮する仕組みになっています。官僚は補助金を配るので業界団体に強く、業界団体は選挙協力するから政治家に強いという構図があります。

誰かがリーダーシップを発揮しようとしてもこの三すくみ構図が変革の芽を摘《っ》んでしまうのです。たとえば水産庁がある漁業の規制をしようとしたとき、漁業者が地元の政治家に陳情して反対し、結局、実現しなかったことが過去にありました。また、水産庁が決めた漁獲規制を漁業者がまったく守らずに、政治家を使って、「規制が実態に合致していない」として、規制を緩めさせたこともあります。逆に、政治家がリーダーシップを発揮して政治主導で漁業改革をしようとしても、水産庁が業界団体に働きかけて、反対させることが可能です。

誰かが何か改革の手を打とうとしても、それを潰す仕組みとしてこの構図が有効に機能してしまうのです。外界から異物が入ってきたときに、体内で働く免疫システムのようなものです。この免疫システムが、変化の芽をことごとく潰してきたのです。

免疫システムが正常に働いているときには体の調子を整えてくれるように、自分たちの組織を防衛するためには有効に機能することもあるでしょう。しかし、将来に向けて漁業が存続するために必要な変化を妨げて、結果として漁業の衰退を招く結果になっているのです。

ここで重要なのは、それぞれの現場にいる人は、改革案を潰すこともよかれと思ってやっているということです。日本の漁業を悪くしてやろうと思っている人は誰もいません。

外に学ぼうとしない日本の漁業関係者

日本の漁業者は、良くも悪くも職人気質です。腕一本で多くの魚を獲ることを自らの誇りとしています。漁場のことは隅々まで熟知しているのですが、人間社会の構造的な問題についての関心は高いとはいえません。１９７０年代までは日本の漁業が世界の最先端だったせいか、日本の漁業関係者には、海外の成功事例から学ぼうという姿勢があまりありません。

方向転換するなら、まだ業界に体力があり、痛みに耐えられた１９７０年代、80年代にやるべきでした。それができなかったのは、返す返すも残念と言わざるを得ません。

さらに問題なのは、関係者全員が共有しているのは、「なんとなくうまくいかない」というぼんやりとした不満と不安だけであり、変革しなければならないという意識がありません。今は高齢化が進んで、60歳以上の跡継ぎがいない漁師たちが多数派になっています。すると、「現状維持であと数年できればいい」という意識になります。自分の息子が跡を継いでくれるのなら数十年先を見越して改革が必要だという考えになるのかもしれませんが、そうではありません。こうなると、ますます現場は変わることを志向できなくなっていきます。「今のままでよいとは思わない」といいつつも、改善策は示さず、変化には強硬に反対をするのです。

個々のプレイヤーが短期的利益の最適化を目的に動いている現状を変えるには、政治と行政と研究者が、きちんとしたグランドデザインを描き、それを共有することが必要です。そのうえで、国民世論の賛同を得て、正しい改革へと舵《かじ》を切っていくというのが本来のあり方です。残念ながら、グランドデザインとリーダーシップの両方が、日本には決定的に欠けています。

漁業の改革には国民世論が不可欠

世界で最初に個別漁獲枠方式を導入して、漁業を改革したのは、ノルウェー、ニュージーランド、アイスランドです。これらの国は、成功事例がないなかで、漁業の改革に踏み切りました。私は、ノルウェーとニュージーランドの漁業関係者に聞き取り調査を行なって、誰のイニシアチブで漁業が改革されたのかを調べました。その結果わかったことは、どの国も、今の日本と同じように漁業者は規制に大反対であったということです。しかし、国民世論が乱獲を許さなかったために、改革が行なわれたのです。

ニュージーランドの場合は、与党も野党も漁獲規制をするという公約を掲げて選挙を行なったので、どちらが勝っても規制される状況になり、実際に現実となりました。ノルウェーでは、漁業改革に非常に熱心な政治家がいて、その人物が国民世論の支持を受けながら改革を進めていきました。

世論の賛同もなく、業界が反対する改革を進めるのは、政治や行政にとってとても困難です。日本ではやりたくないからやらないというだけでなく、できない理由があるのです。

今やノルウェーとニュージーランドでは漁業者のほぼ全員が資源管理に賛成です。最初は反対していた漁業者も、5年もしないうちに漁業が儲《もう》かる産業になると態度を一変させたのです。彼らに日本の話をすると、「漁獲枠がないなんて、自殺行為だ」と一様に驚きますが、彼らも最初は抵抗勢力だったのです。漁業者が規制に前向きだったから漁業改革ができたのではなく、規制をしたことによって漁業者の意識が変化したのです。

ノルウェーやニュージーランドにできたことが日本にできないはずがありません。日本でも漁獲規制の必要性が国民世論の支持を得れば、漁業の改革は可能です。

「よいことしか流さない」マスメディアの責任

他国で起きた国民世論の喚起が、なぜ日本では起こらないのでしょうか。日本の国民には漁業の現状に対する正しい情報が知らされていません。漁獲規制の欠如によって漁業が衰退していることや、他の先進国では漁業が成長産業になっていることなど、日本漁業の現状に都合の悪い情報がメディアで取り上げられる機会は、圧倒的に少ないのです。

問題としてまず挙げられるのは、マスメディアが一次産業についてのネガティブなテーマを自粛するという点です。私はマスメディアの取材を受けることが多いのですが、「うまくいっている成功事例はないですか」とよく聞かれます。漁業の現場の漁師が頑張って、結果が出ているよい事例ばかりを取り上げようとするわけです。すると、うまくいっている例外的な事例だけが世間の目に触れることとなります。一般の人たちは基本的には漁業の世界と縁がないため、そうした報道を見聞きすると、そうなのかと思ってしまいます。

特にテレビは映像があることが前提ですから、大漁の場面を撮ろうとします。たとえば、大間《おおま》のマグロにしても、最近は魚が減って、獲れない日のほうが多いのですが、テレビでは、運よく獲れたときの映像しか流さないので、視聴者にはいつもたくさんのマグロが獲れているような印象を与えてしまいます。

テレビなどのマスメディアは、若者が新しく漁業に参入してきた成功事例ばかりを伝えます。新しく漁業に参入して頑張っている若者を大々的に取り上げる一方で、「なぜほとんどの漁村で過疎と高齢化が進んでしまったのか」という構造的な話には触れません。

マスメディアで仕事をしている人たちも悪気があるわけではなく、地方を漁業の面から応援したい意識で報道しています。しかし、それが結果として、視聴者に漁業の現状を誤解させて、変化を妨げるひとつの要因になっているのです。

国民に危機感を抱かせない仕組み

国民に問題を気づかせない仕組みとしては、メディアの情報源が水産庁と業界団体に大きく依存している点が挙げられます。ニュージーランドやノルウェーには社会的影響力のある環境NGOがしっかり育っており、そうした組織が水産資源の危機的状況について情報発信し、国の規制の必要性を説きました。それがメディアに取り上げられて、世論が動いたのです。

日本では環境NGOの影響力が弱いために、マスメディアが報道するための情報ソースは、基本的に水産庁か業界団体しかありません。当然ながら、当事者は自分たちが批判されるような情報発信には消極的です。だからどうしても漁業がうまくいっている話か、漁業は頑張っているけれども外部要因によって苦しんでいるといった内容の報道ばかりになってしまいます。「クジラが魚を食べ尽くす」とか、「中国が世界の魚を食べ尽くす」とか、「地球温暖化で魚が減ってしまった」というような内容です。その一方で、漁獲規制の不備により、日本の漁業者同士が少なくなった魚を奪い合っている現状については、国民が知る機会がありません。

日本の水産に関する報道は、戦中の〝大本営発表〟と同じような状況です。大本営には、戦地の情報を一元化して、マスメディアを通して国民に流す役割がありました。敗色が濃厚であるにもかかわらず、戦況が有利であるとの情報を大本営が流すことができたのは、戦場が本土から遠く、独自に取材するジャーナリストもいなかったため、国民は他に情報を得る手段がなかったからです。

農業であれば、農地が比較的身近にあり、農作業を目にする機会も多くあります。それに比べて漁業は海の上ですから、国民の生活とかけ離れています。沿岸付近の養殖業や定置網を除けば、一般の人が漁業の現場を直接見る機会は皆無です。

第1章でも述べましたが、日本近海に生息するタイヘイヨウクロマグロについては、2011年までは資源に余裕があると日本の研究者は主張していました。2012年に、計算方法を見直したところ、資源の激減が明らかになり、2年後に絶滅危惧種に指定されました。この報告を受けてAP通信をはじめとする海外メディアは「過剰な漁獲によって、クロマグロ資源は危機的である」と大きく伝えました。しかし、日本のマスメディアはこのレポートの「2030年には資源量が今の3・6倍に増える可能性がある」という末梢部分だけを横並びで取り出して、楽観的に報じました。「資源が増えると、将来的な価格下落につながる可能性もあり、日本にとっては朗報」と伝えたのです。

「太平洋マグロ、規制継続なら20年で3・6倍に」

「太平洋のクロマグロは2030年に3・6倍に
国際委員会が予測、現行水準で規制続けば」
読売新聞（YOMIURI ONLINE 2013年1月10日09時22分）

「太平洋クロマグロの資源量急減、漁獲規制が不十分 ——環境団体」
産経新聞（産経ニュース 2013年1月10日18時34分）
ブルームバーグ（2013年1月9日13時42分JST）

同じレポートを元にしていても、どこを抜き出すかによって読み手にまったく異なる印象を与えることができてしまいます。日本のメディアだけが、「3・6倍に増える可能性がある」という楽観的な部分を横並びで取り上げたのは、水産庁がそのように説明したものを記者が鵜呑《うの》みにしているのでしょう。残念ながら、元のレポートを読んで、「そうではないだろう、資源は減っているではないか」と指摘することができる人材がいないのが日本のマスメディアの実情です。今年（2016年）の資源評価は、クロマグロの資源量がこれまでの推定値の半分しかなかったという衝撃的な内容です。日本のマスメディアはこれも「朗報」と伝えるのでしょうか。

一般の人は漁業の現場に触れる機会がありませんし、唯一の情報源であるマスメディアは日本漁業のよい面のみを抜き出して伝えます。スーパーの鮮魚売り場に行けば相変わらず魚は並んでいるので、国民は危機感を持ってはいないでしょう。よく見なければ、サバはノルウェー産ばかりだし、ホッケは昔と比べて小さくなっているということに気づきません。こうした状況で、国民に漁業について危機感を持てというのが、そもそも無理な話なのです。

独立した情報発信拠点が必要

水産資源の問題を正しく理解するには、専門知識が必要です。一般の人が文書を読んだだけで漁業の問題点を正確に理解するのは難しいでしょう。専門知識があって、しがらみのない、権力から独立した人が国民に向けて解説しなければなりません。

欧州では、牛肉のBSE（牛海綿状脳症、いわゆる狂牛病）の問題が出てきたとき、専門家が政府にしかいないことが大問題になりました。そこで、権力から独立した専門家集団を、自分たちのために普段から育てていかなければならないという機運が生まれたのです。結果、有力な環境NGOが生まれ、博士課程を終えた優秀な人材がどんどんNGOに入ってくるようになりました。国民自らが身銭を切ってつくった組織なので信頼度が高いのです。日本にもそうした組織がないと、国が間違ったことをしたときに歯止めが利かなくなります。海外の場合は、環境NGOがセカンドオピニオンの役目を果たしています。

東日本大震災で福島原発の事故が起こったとき、「日本で原発事故は起こらない」と断言していた専門家は信用を失いました。国民は何を信じてよいのかわからなくなり、大混乱になりました。国が発表する放射線量についても、果たして正しい値が公表されているのか疑問視する声が至るところから上がりました。オランダに事務局がある国際環境NGOのグリーンピースが福島県の放射線の線量を測って回ったことがありました。結果は日本政府がこれまで発表していたものとほぼ同じでした。それを見た国民は、政府はきちんとやっているのだなと、逆に政府の信頼性が増したのです。グリーンピースは日本政府と関係していないがゆえに、その調査結果がセカンドオピニオンとして機能したのです。

日本では環境NGOというと、捕鯨やイルカ漁の妨害活動を続けているシーシェパードなどのイメージが強いのですが、彼らのように強硬な手段に訴えるのはごく一部の人たちです。世界の環境NGOの多くはまっとうな調査による、まっとうな主張を展開していま す。そういうNGOを自分たちで育てていくことが日本でも求められているのです。

こうした団体は常駐の専門スタッフがいなければなりませんから、そのための経済的な後ろ支えが必要です。ただし、それほど大所帯である必要もありません。ある程度、専門知識があって現状調査や研究の中身を精査でき、それを一般市民にもわかるような形で発信できればいいのです。水産資源の問題であれば、最低で5人もいればかなりのことができるでしょう。こうした団体をどう育てていくのかは今後の課題です。

消費者が持つべき義務

ここまで述べてきたことを講演でもよく話すのですが、質疑応答で、「私たち市民はどんなことができますか?」と聞いてくださる人がいます。こういったところが、日本人の素晴らしいところです。

マスメディアは日本の漁業の問題点を知らせてくれないし、それどころか「規制されると価格が上がる。今のうちに食べておけ」といって煽《あお》る報道もあるなかで、本質的な問題に興味を持っている人たちがいることは心強いばかりです。日本漁業の復興のために、消費者であるわれわれにもできることを述べたいと思います。

日本では、消費者の権利ということはよく言われますが、義務について言及されることはまずありません。お金を払う以外の義務を意識することはないと思います。「お客様は神様」だからです。しかし、消費する権利があるのと同時に義務も発生するというのが、世界では一般的な考え方です。

国際消費者機構は、消費者が果たすべき責任として、「社会的関心を持つ責任」や「環境への配慮をする責任」を挙げています。消費者には「未来の世代も、私たちと同じようにウナギやマグロを食べられるだろうか」とか、「自分たちが食べている魚の持続性が脅かされていないだろうか」といった配慮をする責任があるのです。

「大切に食べる」とはどういうことか？

たとえば、ウナギについては、私たちの世代は今ならまだ食べることができます。この権利を未来の世代にも残すことが消費者の義務だということです。

「食べられなくなるから今のうちに食べておこう」ではなく、いなくなる心配があるのなら、次の世代にどうやって残すかを考えるべきです。資源を残すことが、自分がこれから先も食べ続けられるということにつながっていくはずです。

日本の魚食教育は、「国産魚をたくさん食べましょう」と子どもたちに教えています。それは販売促進であって教育ではありません。業界が自己資金でやるべきことであって、国の税金で主張すべきことではないのです。

たとえ、一次産業という国の根幹を担う事業だからといって、特定の業界を支援するというのは不自然です。むしろ、教育機関がやるべきなのは、業者のプロモーションではできないような、たとえば、「乱獲された魚は食べないようにしましょう」といった持続性にまつわる話を教えるべきです。これこそが魚食教育なのです。

魚食文化は、世代を超えた連続性があってこそ継承できるものです。食べた量が一番多いからといって文化的とはいえません。親の代から受け継いだものを子や孫の代にリレーしていくことが大切です。

持続性という概念が日本では未だに定着していませんが、明るい兆《きざ》しが見えなくもありません。私はインターネットでの情報公開に加えて、生協や消費者団体を対象にした勉強会も行なっています。こうした勉強会に出席してくださる方々は、食べることや食の安全性に関心の高い方たちですが、食の持続性についても意識が高いと感じます。今後、どんどん食の持続性について国民の意識が高まることが予想されます。

オリンピックに食のレガシーを

食の持続性に対する国民の認識がさらに高まるきっかけになると期待されるのが、2020年の東京オリンピックです。

オリンピックでは、持続性が証明された食材のみ大会で提供できるとする決まりがあります。ロンドンオリンピックは、MSCとSCMという2つの団体のエコラベルを持っている魚だけを調達して開催しました。2016年に開催されるリオデジャネイロオリンピックでは、MSCのエコラベル認証を取得した魚だけを使うとしています。

MSCとは、海洋管理協議会（Marine Stewardship Council）が発行しているグローバルスタンダードのエコラベルのことで、乱獲した魚でないことを証明する認証システムです。環境NGOである海洋管理協議会が厳正に審査して、持続的な漁業によって行なわれている魚のみにラベルを発行します。MSCは天然魚の漁業が対象であり、その養殖版にASCがあります。

林業にも違法伐採された木材でないことを示すFSC（Forest Stewardship Council：森林管理協議会）というエコラベルがありますが、それの海バージョンのものだと考えてください。消費者はMSCのラベルの貼られた商品を買うことで、持続的な漁業を応援できる仕組みです。このMSCは欧州や北米ではかなり浸透していて、世界最大の小売業者である米国のウォルマートは、扱う商品は数年以内にすべてMSC認証のものにすると宣言しています。先進的な漁業国では、欧米先進諸国に輸出する魚はMSCが必須になりつつあります。

しかし、日本では京都のアカガレイと北海道のホタテ、南三陸町の牡蠣《かき》ぐらいしかMSC／ASCを取得できていません。日本ではMSCはまだまだ知られておらず、日本国内で売るぶんにはインセンティブが働かないからです。

オリンピックにはレガシー（遺産）という考え方があります。オリンピックのような大規模イベントは環境負荷が相当かかりますから、それ自体をエコだというのはあり得ません。しかし、短期的にはエコでないとしても、オリンピックを契機に人々の意識が変わってエコなライフスタイルが広まることで、長い目で見ればエコに貢献できるのではないかとするのがレガシーの考え方です。ここで日本が頑張って持続可能な漁業に転換すれば、レガシーを残すことができます。逆に、日本漁業の現状に合わせて、持続性のハードルを下げてしまえば、負のレガシーを残すことになってしまいます。

日本には「水産物の持続的な調達」がなされたものが選ばれるという市場がありませんが、それをつくるためには、消費者自身がエコラベルというものがあることを知り、それを買うことです。それが私たち市民にできることのひとつです。

今後、オリンピックを契機としてMSCラベルやそれに類するエコラベルが市場に少しは入ってくるでしょう。パッケージにエコラベルのついている魚やエコラベル表示のある魚を見つけたら、ぜひ買ってください。

いま売っていないのであれば、「エコラベルのついた商品はないのですか？」と店に聞いてみることです。お客さんから問い合わせがあれば、店もそういうものがあるのかと気づくし、そういう問い合わせが増えていけば、取り扱ってみようと思うはずです。お金を払ってものを買うという消費行動は、選挙と同じで社会をつくる、ある意味での投票行動です。私たちが望む社会が実現できるような買い方をする必要があります。

義務は国民自身のためでもある

本書で述べた漁業の改革の話というのは、漁業関係者だけの問題ではなく、未来の魚食文化を守るための消費者の問題でもあります。私たちの未来に関わる問題です。

食うや食わずの国の人たちには、持続性を考えた商品を選びましょうとはいえませんが、私たちはそうではありません。日本はもともと貧しかったので、胃袋を満たすことを最優先にして、豊かな人が考えるべき義務などが社会のなかで育たないまま、購買力だけが先進国になってしまいました。

日本は景気が低迷しているとはいえ、未だに世界屈指の水産物輸入国です。先進国の一翼を担う国であり続けたいのなら、当然、義務を負うべきでしょう。その義務とは、未来の食卓に対して責任のある行動をするということです。

批判するという権利を行使するときには、対案を示すという義務も発生します。だからこそ、私は現状の漁業を批判しながら、持続的な漁業になるための解決策も本書で示してきたつもりです。

同じように、消費者も「安全でおいしいものをより安く」と叫ぶだけでなく、その前提となる資源管理の導入についても声を上げてほしいと思います。それが、私たちの未来の食卓を守り、ひいては後世に魚食文化を継承することにもつながっていくのです。

おわりに

私が本書を通して訴えたかったのは、「変わる勇気を持つ」ということです。

戦後の日本の漁業の仕組みは、公海自由の原則と国全体の経済成長という2つの要因があってこそ機能するものでした。これらの前提条件が失われた以上、新しい枠組みに対応しなければならなかったのですが、いつまで経《た》ってもそれができずにここまで来てしまいました。発展に陰りが見え始めた時期に、補助金で問題を先送りするという安易な道を選んでしまったのです。

現在、日本は至るところで同じ課題に直面しています。昭和の時代は、人口増加と経済成長によって、社会のほぼすべてのセクションが成長を続けました。問題を先送りしていれば、いつの間にか時間が解決してくれたのです。しかし、これからは違います。人口も経済も縮小していくなかで、問題を先送りしていたら、問題解決に使える資源が減っていきます。変化の痛みは一瞬ですが、変化をしないことの痛みはじわじわと増加していきます。大切なことは、構造的な問題に、迅速に取り組む勇気を持つことです。

個人のレベルでも同じことがいえます。パソコンが導入され始めた二十数年前、どんな企業でも対応しなければなりませんでしたから、皆苦労しました。当時、ベテランの社会人たちはこのままパソコンを覚えないで通すか、頑張って勉強して身につけるか、選択を迫られました。パソコンを覚えると決めた人は、勉強するための時間というコストを支払わねばなりませんでしたが、それはいっときのことでした。しかし、パソコンを覚えないで乗り切ろうと考えた人は、その後、ずっと苦労することになりました。いっときの変化のためのコストを支払うのを渋ったばかりに、長期にわたってコストを支払い続ける羽目になったのです。

日本人は個人ベースで見ると合理的に変化をすることができるのですが、組織になるとそれができず、問題を先送りしてしまう傾向があります。戦後の日本社会には、戦略的・主体的に自己改革をしたという成功体験が乏しく、変化に反対していれば既得権が守られてきたという歴史があり、それが甘えとなっています。漁業の問題は、日本の問題の象徴といえるのです。

ただし、それが通用したのは昭和の時代までです。これから先は、人口縮小、高齢化社会という厳しい現実が待ち受けています。現実逃避をせず、戦略的に考えて、状況の変化に迅速に対応していくことが求められます。特に、私たちにとって都合が悪く、目を背けたくなるような現実ほど、放置しておいたら致命傷になるので、迅速かつ適切に、大胆に舵《かじ》を切る勇気を持たなくてはなりません。

日本が生き残るには、成長を前提としたこれまでの枠組みから、縮小を前提としたより効率的で生産性の高い枠組みに社会を変革していく必要があります。外圧には期待できません。諸外国は、自国の国益のために圧力をかけてくるのであって、日本の構造的な問題解決には関心がないからです。必要な改革を外圧にゆだねるというギャンブルは避けるべきです。日本人の手で、自らの問題を主体的に解決していかなければ、未来は切り開けません。

その最初の一歩は、漁業が適任です。漁業の場合は、本書で議論したように、問題点は明らかで、対処法も確立されています。日本周辺海域の生産性は高く、国内に世界屈指の市場があり、洗練された魚食文化によって、水産物の価値を高めることができます。日本の漁業は、世界一ともいえるポテンシャルを持っているのです。誰もが衰退産業だと思っていた漁業が成長産業に生まれ変われたとしたら、日本社会全体を勇気づけることができます。本書が、その一助となれば幸いです。

著者

編集協力　岸川貴文、櫻井健司
本文DTP　若松 隆
図版作成　タナカデザイン

勝川俊雄［かつかわ・としお］

一九七二年東京生まれ。東京海洋大学産学・地域連携推進機構准教授。東京大学農学生命科学研究科にて博士号取得。東京大学海洋研究所助教、三重大学生物資源学部准教授を経て現職。専門は水産資源管理と資源解析。研究の傍ら、日本の漁業を持続可能な産業に再生するための活動を積極的に展開している。著書に『日本の魚は大丈夫か』（ＮＨＫ出版新書）、『漁業という日本の問題』（エヌティティ出版）などがある。

編集：小川昭芳

魚が食べられなくなる日

二〇一六年　八月六日　初版第一刷発行
二〇二三年　六月十七日　第二刷発行

著者　勝川俊雄
発行人　石川和男
発行所　株式会社小学館
〒一〇一－八〇〇一　東京都千代田区一ツ橋二ノ三ノ一
電話　編集：〇三－三二三〇－五一一七
販売：〇三－五二八一－三五五五

印刷・製本　中央精版印刷株式会社

Printed in Japan ISBN978-4-09-825278-7